黏土的次元

动漫黏土手办的

超甜软萌

米米酱 捏粘土的节操 大切的椰子
编著

人民邮电出版社

北京

图书在版编目（CIP）数据

黏土的次元. 动漫黏土手办的超甜软萌 / 米米酱，捏粘土的节操，大切的椰子编著. -- 北京 ：人民邮电出版社，2021.7
ISBN 978-7-115-54974-7

Ⅰ. ①黏… Ⅱ. ①米… ②捏… ③大… Ⅲ. ①粘土－手工艺品－制作 Ⅳ. ①TS973.5

中国版本图书馆CIP数据核字(2020)第187800号

内 容 提 要

你是否曾因为昂贵的价格或长久的等待时间而得不到自己心仪的动漫人物手办？本书不但可以让你节省开支，还能教你用黏土打造自己的"本命"动漫人物手办。

本书是"黏土的次元"系列中的一本，主要讲解可爱软萌的Q版动漫人物黏土手办的制作方法。全书共5章。第1章是萌系黏土手办制作须知；第2章讲解了Q版手办人物的制作要点；第3章～第4章分别讲解了2头身、2.5头身以及3头身萌系手办的制作；第5章讲解了Q版动漫化的黏土手办制作。本书中的案例配有配套视频和针对不同部分的制作难点解析。本书图解步骤清晰，能让大家快速掌握Q 版手办人物的制作。

本书适合手工爱好者和动漫爱好者阅读。大家赶快跟随本书一起制作自己的"本命"黏土手办吧。

◆ 编　著　米米酱　捏粘土的节操　大切的椰子
责任编辑　郭发明
责任印制　周昇亮

◆ 人民邮电出版社出版发行　　北京市丰台区成寿寺路 11 号
邮编　100164　 电子邮件　315@ptpress.com.cn
网址　https://www.ptpress.com.cn
固安县铭成印刷有限公司印刷

◆ 开本：787×1092　1/16
印张：10.5　　　　2021 年 7 月第 1 版
字数：230 千字　　2024 年 8 月河北第 6 次印刷

定价：69.80 元
读者服务热线：(010)81055296　印装质量热线：(010)81055316
反盗版热线：(010)81055315
广告经营许可证：京东市监广登字 20170147 号

前言

没有美术功底能捏好吗？

学多久才能捏成书里那样？

……

刚接触黏土手办的"萌新"常常会提出这样的问题。

而我最初接触黏土时并没有想那么多，单纯因为热情与喜爱。

毕竟为爱发电这件事本身就是快乐的。

将自己心中的形象和对角色的爱通过这种形式表达出来。

爱它就做它。

有幸能与黏土圈两位大佬一同出书，在这次合作中大佬对黏土的
态度与热爱使我感到受益匪浅。

——大切的椰子

目录

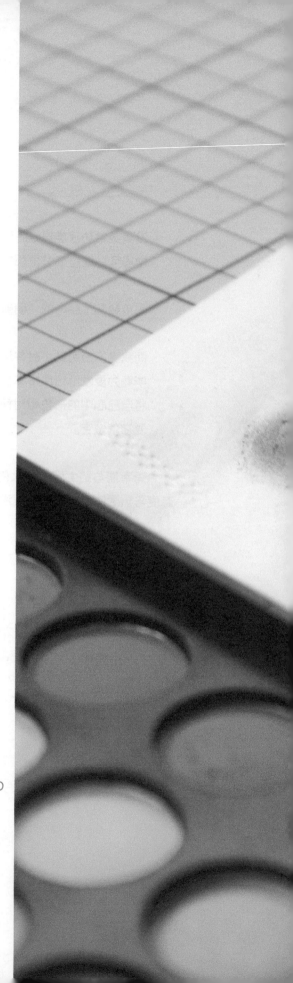

第 1 章 萌系黏土手办制作须知

1.1 所用黏土 / 8
    1.1.1 超轻黏土 / 8
    1.1.2 黏土颜色 / 8

1.2 所用工具 / 10
    1.2.1 制作工具 / 10
    1.2.2 上色工具与材料 / 12
    1.2.3 装饰配件及固定材料与工具 / 13

1.3 基础形的制作与应用 / 14
    1.3.1 圆形——脸型 / 14
    1.3.2 方形——上半身 / 16
    1.3.3 长条——腿型 / 18
    1.3.4 薄片——发片 / 19

1.4 可爱元素的制作 / 24
    1.4.1 蝴蝶结 / 24
    1.4.2 蝴蝶发带 / 26
    1.4.3 兔子头饰 / 27
    1.4.4 花花头饰 / 27
    1.4.5 草莓装饰 / 28
    1.4.6 花边装饰 / 29

1.5 Q 版手办人物的比例介绍 / 31
    1.5.1 2 头身 / 31
    1.5.2 2.5 头身 / 31
    1.5.3 3 头身 / 31

第 2 章 Q 版手办人物的制作要点

2.1 双腿的制作 / 34
    2.1.1 Q 版手办人物双腿腿型的制作 / 34
    2.1.2 Q 版手办人物腿部动作的制作 / 35
    2.1.3 Q 版手办人物双腿的衔接 / 36

2.2 Q 版手办人物身体的衔接 / 38

2.3 Q 版手办人物手的制作 / 39
    2.3.1 Q 版手办人物常规手的制作 / 39
    2.3.2 Q 版手办人物手部不同动作的制作 / 40
    2.3.3 手部不同的动作与身体的衔接 / 42

2.4 Q 版手办人物常见姿态 / 43

第 3 章 2 头身与 2.5 头身的萌宝

3.1 万圣夜惊魂 / 46
    3.1.1 头身比与人物姿态分析 / 47

3.1.2 案例制作提示 / 48
3.1.3 制作身体 / 48
3.1.4 制作服装 / 51
3.1.5 制作头部 / 55
3.1.6 加入装饰 / 63
3.1.7 场景组合 / 66

3.2 青灵 / 68
3.2.1 头身比与人物姿态分析 / 69
3.2.2 案例制作提示 / 70
3.2.3 制作头部 / 70
3.2.4 制作身体 / 75
3.2.5 制作服装 / 77
3.2.6 加入装饰 / 81
3.2.7 组合与细节添加 / 82

第4章 3头身的萌宝

4.1 魔法少女莉莉安 / 86
4.1.1 头身比与人物姿态分析 / 87
4.1.2 案例制作提示 / 88
4.1.3 制作头部 / 88
4.1.4 制作身体 / 92
4.1.5 制作服装 / 94
4.1.6 加入装饰与固定 / 102

4.2 哥特女孩珐骷 / 106
4.2.1 头身比与人物姿态分析 / 107
4.2.2 案例制作提示 / 108
4.2.3 制作身体 / 108
4.2.4 制作服装 / 111
4.2.5 加入装饰 / 116
4.2.6 制作头部 / 118
4.2.7 装饰与固定 / 123

第5章 Q版动漫化的黏土手办

5.1 真人动漫Q版化 牛顿 / 126
5.1.1 人物特征分析 / 127
5.1.2 Q版形象的优化方法 / 127
5.1.3 制作头部 / 128
5.1.4 制作身体 / 133
5.1.5 制作服装 / 135
5.1.6 加入装饰并组合固定 / 140

5.2 植物拟人Q版手办 鲁普拉精灵 / 144
5.2.1 拟人思路分析 / 145
5.2.2 拟人对象在Q版手办中的体现 / 145
5.2.3 制作下半身 / 146
5.2.4 制作上半身、服装 / 148
5.2.5 制作头部 / 160
5.2.6 加入装饰 / 166

第 1 章

萌系黏土手办
制作须知

1.1 所用黏土

本书中使用的黏土主要为超轻黏土，有时为了表现出物件的光泽效果也会用到少量树脂黏土。将树脂黏土与超轻黏土混合，可以增加黏土的光泽度，且树脂黏土所占的比例越大，黏土的光泽度越高。

1.1.1 超轻黏土

本书中使用的超轻黏土是小哥比超轻黏土和 Loveclay 黏土，这两款黏土都非常适合新手。小哥比超轻黏土的质地较硬，膨胀度低，但会出油，适合用来制作服饰。而 Loveclay 黏土的质地较软，相较于小哥比超轻黏土，Loveclay 黏土的膨胀度略高且不会出油，适合用来制作身体部件。

小哥比超轻黏土

Loveclay 黏土

树脂黏土特点介绍

树脂黏土是一种带有黏性及柔性的黏土，有很好的可塑性，本身带有光泽，适合用来制作各种花卉、水果、蔬菜或迷你版小人偶等。用树脂黏土制作出的成品还原度高。下面展示的是常用的 3 种颜色的树脂黏土。

金色

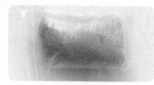

银色

咖啡色

1.1.2 黏土颜色

不同品牌的超轻黏土，颜色名称相同的黏土是有色差的。大家在学习制作黏土手办的初期，可以多尝试不同的黏土品牌，找到适合自己的黏土。

● 黏土基础色

红、黄、蓝、黑、白这 5 种颜色是捏制黏土作品必备的基础色。其中红、黄、蓝这 3 种颜色的黏土相互混合能调出其他多种颜色的黏土，黑色和白色黏土则可以用于改变黏土颜色的深浅。

红色

黄色

蓝色

黑色

白色

● 黏土调色

把两种及两种以上不同颜色的黏土混到一起，即可调配出一种其他颜色的黏土。大家可根据作品实际的需要调整基础色黏土之间的混合比例，调出自己喜爱且需要的黏土颜色。

基础色黏土之间的混色

红色 + 黄色 = 橙色　　黄色 + 蓝色 = 绿色

红色 + 蓝色 = 紫色　　白色 + 黑色 = 灰色

大量白色黏土的混色

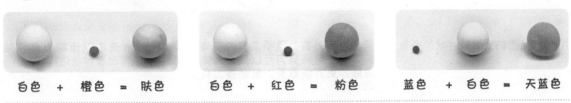

白色 + 橙色 = 肤色　　白色 + 红色 = 粉色　　蓝色 + 白色 = 天蓝色

少量黑色黏土的混色

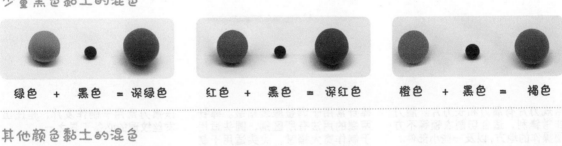

绿色 + 黑色 = 深绿色　　红色 + 黑色 = 深红色　　橙色 + 黑色 = 褐色

其他颜色黏土的混色

肤色 + 褐色 = 茶青色　　蓝色 + 褐色 = 浅蟹灰色　　灰色 + 绿色 = 灰豆绿色

三色黏土的混色

红色 + 黄色 + 黑色 = 棕色　　黄色 + 绿色 + 白色 = 翠绿色

1.2 所用工具

在学习制作黏土手办初期,大家是不是经常在制作黏土作品的过程中手忙脚乱,总是做不好细节,成品看起来也没有很精致? 这时,你的黏土工具就是你的另一双巧手。下面给大家分享一下制作好看、精致的黏土作品需要的一些工具,熟练掌握制作工具的使用方法会如虎添翼,可以有效提升制作黏土手办作品的效果。

1.2.1 制作工具

制作黏土作品时,对于新手而言,可以先使用基本的黏土工具套装,操作熟练后可使用一些其他辅助工具,这些工具可以辅助大家做出精美、耐看、有细节的黏土手办作品。

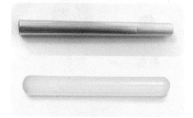

擀泥杖

擀泥杖是把黏土擀成片状的必备工具。

剪刀

常用的剪刀有普通手工剪刀和弯头剪刀。弯头剪刀可以贴合人体曲线,更方便裁剪,是必备工具之一。

3mm 波浪锯齿花边剪

利用 3mm 波浪锯齿花边剪可在黏土片上剪出多种花边样式。

刀片

常规刀片有眉刀和长刀片。眉刀非常锋利,适合切割衣领等不方便操作的地方,以及一些小部件。长刀片可弯曲,适合裁切出大黏土片和切出圆弧。

棒针

棒针常用于调整服装褶皱。棒针两端的用法有所区别,圆头适用于制作宽大褶皱,尖头适用于制作细密褶皱。

压痕刀

压痕刀常用于制作发片,是压出发丝纹理的必备工具之一。

勺形工具

勺形工具两头的形状不同,一头为细尖状,另一头为勺形。在本书中,勺形工具主要用于给黏土部件塑形,如调整头发、服装等部分的造型。

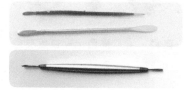

抹刀

抹刀的侧面常用来制作压痕,正面常用来抹平黏土边缘。本书中使用的抹刀样式有多种,可任意选用。

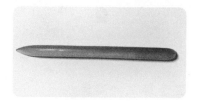

羊角工具

羊角工具是制作褶皱的必备工具之一,用途非常广泛。

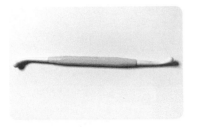

圆头工具

圆头工具可用来制作黏土作品的圆形凹口，如脖子与身体的连接凹槽、耳窝、南瓜顶部的圆形窝等。

丸棒

丸棒常用来制作圆形凹口，如腿部的衔接凹面、苹果顶面的凹口等。本书中使用的丸棒有不锈钢和塑料两种材质。

镊子

镊子可用于粘贴细小物品，或者制作波浪状花边。

圆规

圆规是测量工具，能精准测量两点间的距离，常与刻度尺一起用。

压痕笔

压痕笔常用于压制圆形凹口。

透明文件夹

透明文件夹是非常实用的工具。将混有树脂黏土的超轻黏土放进透明文件夹里擀，不容易粘擀泥杖。

切圆工具

切圆工具是制作黏土作品时必备的工具之一，使用上图中展示的切圆工具能够切出不同大小的圆。

圆形盒

当你手边没有可用的切圆工具时，可用分装黏土的圆形盒切出圆形。

蛋形辅助器

利用蛋形辅助器能制作出弧形的黏土片，常用来制作发片、帽子、裙子等。本书中使用的蛋形辅助器有红色、绿色两种颜色。

白乳胶

白乳胶常用于将黏土粘起来。上左图是点胶瓶，里面装有白乳胶。点胶瓶的针头很细，便于给细节区域上胶。

UHU 胶水

UHU 胶水可用来粘金属花片以及把手办固定在底座上等。

脸型模具

利用脸型模具可以快速制作出漂亮的脸型。

垫板

垫板是制作黏土手办的必备工具之一，可防止切坏桌子，上面的标尺可以辅助测量。

针孔晾干台

可借助铜丝将黏土手办固定在针孔晾干台上晾干，针孔晾干台是必备工具之一。

压泥板

压泥板有窄、宽两种规格，可根据黏土分量进行选择。

铅笔和中性笔

铅笔和中性笔可用于在黏土上做记号，方便后续制作。

纸片

制作特定形状的物品时，可用纸片制作小样，再将其放在黏土上对照着切。

酒精棉片

酒精棉片可用来抹平黏土的接缝。黏土表面有脏污时，也可以用酒精棉片擦掉。

1.2.2 上色工具与材料

给捏制的黏土作品上色时，一般选择用色粉和不同类型的笔或笔刷给手办人物上妆；丙烯颜料是绘制手办人物五官以及装饰图案的首选。

面相笔（极细款与普通款）

极细款面相笔常用来为眼睛勾线，适合新手。普通款面相笔可以用来绘制眼睛或给手办人物上妆。

水性亮油

水性亮油常用于给物体表面增加光泽，将其涂在手办人物瞳孔上能让眼睛亮起来。

刷子

刷子常用来蘸取眼影粉和色粉，给人物脸部上妆等。本书中使用的刷子款式较多，大家可以选取任何一款使用。

丙烯颜料

丙烯颜料常用于绘制手办人物的五官，也可以用来绘制黏土作品上的装饰图案。

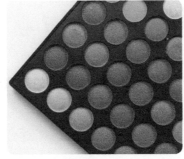

色粉和眼影粉

本书中使用了多款色粉和眼影粉。它们都是给黏土作品表面上色的材料，常用来绘制手办人物的妆容，一般与前面展示的刷子配合使用。

1.2.3 装饰配件及固定材料与工具

下面展示的是制作黏土作品用到的一些装饰配件、固定材料与工具，大家可根据需要使用其他装饰配件。

装饰配件

装饰配件常用于装饰黏土作品，使作品更精致。

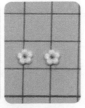

蝴蝶压花器

蝴蝶压花器能够直接把黏土薄片压成蝴蝶形状。

爱心压花器

爱心压花器可以直接将黏土薄片压成爱心形状。

钳子

钳子可用于裁剪与弯曲铜丝、包皮铁丝和钢丝，属于必备工具。

微型电钻

微型电钻可用于给底座钻孔，将手办人物固定在底座上。

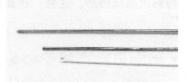

直径均为 1mm 的钢丝、包皮铁丝和铜丝

直径均为 1mm 的钢丝、包皮铁丝和铜丝常用来插在手办人物的各肢体部件内，让各肢体部件能够固定与组合。

底座

给做好的黏土手办作品加上一个底座，便于手办的存放与收藏。本书案例中使用的底座有 4 种，大家可任意选用。

笔刀

笔刀可用于制作锯齿状花边装饰。

1.3 基础形的制作与应用

圆形、方形、长条和薄片是制作黏土手办人物身体部件的基础形，通过这些基础形可以做出需要的其他部件。

1.3.1 圆形——脸型

由圆形制作的手办部件，最具代表性的就是手办人物的脸型。利用圆形制作脸型的方法有两种：一是用手和塑形工具制作，二是用脸型模具脱模制作。下面分别介绍如何用这两种方法制作脸型，在之后的案例中我们就不再详细讲解手办人物的脸型制作过程，而是直接使用脸型成品。

● 制作圆形

取适量肤色黏土，用手反复拉扯揉搓，搓出黏土内的气泡。接着把黏土放在掌心，用另一只手将黏土搓成圆形。注意：搓圆形时应让黏土受力均匀，这样搓出的圆形才比较规整。

● 用圆形制作脸型的要点

此款脸型为包子脸，特点是没有鼻子、眼眶以及明显的下巴，脸颊圆圆的、有肉感。此款脸型是用手和塑形工具制作的，非常简单，适合2头身的手办人物。

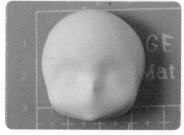

此款脸型有尖尖的鼻子、一点点下巴与眼眶，同样非常可爱。此款脸型是用脸型模具脱模制作的，适合2~4头身的手办人物。

● 制作脸型

用手和塑形工具制作脸型

 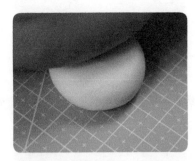 

01 将适量肤色黏土用手搓成圆形，把圆形黏土放在垫板上，用掌心轻轻按压，将其压成扁状圆形。

02 用中性笔的圆柱形笔杆在扁状圆形黏土正面的 1/2 处压出凹槽，随后用笔杆把黏土左右两侧压出凹槽，做出眼窝。

03 用手指指腹将凹槽分别朝额头与下巴的方向抹平，让脸部变得平滑。

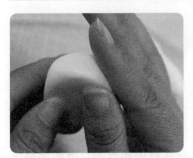 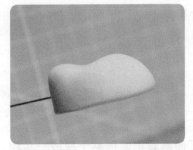 

04 用大拇指和食指把脸型边缘捏出锋利的棱边，方便后期粘贴后脑勺、制作头发。

用脸型模具脱模制作脸型

 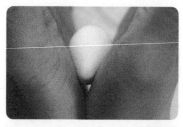 

01 将适量肤色黏土用手搓成圆形，然后用掌心将圆形黏土的一端搓尖，做出水滴形。

02 把水滴形黏土的尖端对准脸型模具内鼻子的位置，用大拇指将黏土推进去，在黏土填满脸型模具后将多余黏土往额头方向推，同时预留一些黏土便于拽出脸型。

03 用手指捏住预留的黏土，拔出脸型，接着用剪刀剪去头顶多余的黏土，脸型就做好了。

1.3.2 方形——上半身

由基础圆形变化而来的方形可用来制作手办人物的上半身。

● 制作方形

将肤色黏土搓成圆形。用压泥板倾斜着把圆形黏土搓成一头粗、一头细的圆锥形。继续倾斜压泥板，将圆锥形的尖端稍稍压扁，方形就做好了。

● 用方形制作上半身的要点

左图展示的是 Q 版手办人物的上半身,其经过一定的艺术夸张。其特点在于肩窄胯宽,就像婴儿的上半身,腰和骨骼结构不明显,整个上半身都是肉嘟嘟的。

● 制作上半身

01 用肤色黏土制作一个方形,作为上半身的基础形。用手指将方形窄的一端捏出脖子,把手指放在上半身侧面,将上半身稍稍拉长。

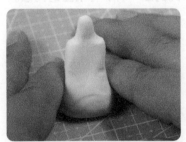  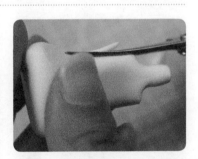

 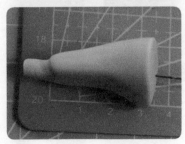 

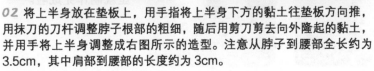

02 将上半身放在垫板上,用手指将上半身下方的黏土往垫板方向推,用抹刀的刀杆调整脖子根部的粗细,随后用剪刀剪去向外隆起的黏土,并用手将上半身调整成右图所示的造型。注意从脖子到腰部全长约为3.5cm,其中肩部到腰部的长度约为3cm。

1.3.3 长条——腿型

本书中长条指的是条状的黏土。因为有粗细变化的长条的形状与 Q 版手办人物腿的形状很相似，所以 Q 版手办人物的腿型大多以锥形长条为基础形。

● 制作长条

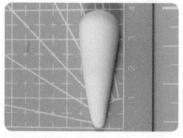

将适量肤色黏土搓成圆形，倾斜压泥板压住圆形的一侧，慢慢地将圆形搓成大约 4cm 长的锥形长条。

● 用长条制作腿型的要点

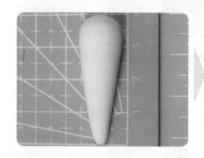

Q 版手办人物的腿型呈锥形，没有明显的膝关节，如同婴儿的腿一样，有明显的肉感。

● 制作腿型

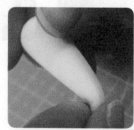

把肤色黏土搓成锥形长条后，用手将细的一端弯折 90°，做出脚掌。再用剪刀把大腿末端修剪平整，Q 版手办人物的基础腿型就制作完成啦。

1.3.4 薄片——发片

薄片也是手办制作中使用得比较多的基础形。我们可以利用薄片来制作一些不同样式的发片，让手办人物的发型变得自然且有层次。

● 制作薄片

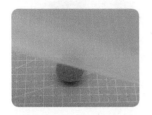

01 准备一个黏土球放在透明文件夹内。

02 隔着文件夹用擀泥杖将黏土球擀薄。

03 边擀边揭开文件夹，以防止黏土粘在文件夹上。

04 重复上一步操作，直到擀出薄片来。

● 用薄片制作发片的要点

叶形发片

叶形发片的形状就像叶子，两端尖、中间宽。叶形发片一般用来做后脑勺的短发或者头部前面的刘海儿。

水滴形发片

水滴形发片，大多用来制作刘海儿。

胖水滴形发片

胖水滴形发片一般在制作带齐刘海儿的发型时使用。

长条形发片

可在长条形发片的尾端剪出分叉，这样的发片一般用来做长直发。

在长条形发片的基础上，利用一些工具就可以做出长卷发发片。

● 制作发片

制作叶形发片

01 将黑色黏土揉成椭圆形，用弯头剪刀在椭圆形黏土上剪一刀，剪出叶形黏土。

02 把叶形黏土放在蛋形辅助器上，用手掌压扁，轻轻抹掉黏土片上的掌纹后用压痕刀压出头发纹理。

03 根据头发纹理，用弯头剪刀在发尾处剪出分叉，接着用手指把分叉调整出一定的弧度，然后剪去发片上多余的黏土，修整发片外形。

制作水滴形发片

01 把黑色黏土揉成圆形，倾斜压泥板把圆形的一端搓尖，接着调转黏土的方向，继续用倾斜着的压泥板把黏土的另一端稍微搓尖，把黏土搓成水滴形。

02 用压泥板将水滴形黏土稍稍压扁，接着用压泥板斜着按压黏土片的两边，压出边缘薄、中间厚的水滴形
发片。

03 用弯头剪刀在水滴形发片末端剪出分叉并修剪发尾形状，接着把发片放在手指上用压痕刀压出头发纹理，
增强发片上的纹理感。

制作胖水滴形发片

01 取适量黑色黏土，倾斜压泥板将黏土搓成胖水滴形，用压泥板将胖水滴形黏土压扁。

02 用眉刀把胖水滴形薄片的下端切平，再用压泥板斜着把切口边缘压薄，做出
胖水滴形发片。

03 把胖水滴形发片放在蛋形辅助器上，用手指调整发片使其贴合蛋形辅助器，接着用压痕刀压出发片上的头发纹理。

04 用弯头剪刀根据头发纹理剪出分叉，再剪去多余部分并修剪发片形状。

制作长条形发片

 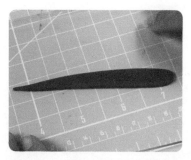 

01 取适量黑色黏土，用压泥板将其搓成长条，再稍稍压扁，做出长条形发片。

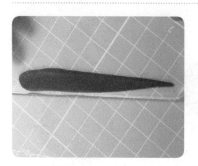 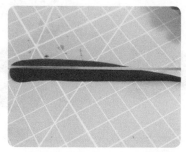 

02 倾斜压泥板按压长条形发片的两边，将发片压成边缘薄、中间厚的形状，再用压泥板在发片中间压出一条头发纹理。

03 弯曲长刀片修剪长条形发片的形状，用弯头剪刀剪出发尾分叉。接着用压痕刀压出发片上的头发纹理，调整发尾弯曲的弧度，这样就做出了长直发的发片。

04 用压泥板将适量黑色黏土压成长条后稍稍压扁，再用压泥板的边缘在黏土片中间压出头发纹理，随后用剪刀修剪发尾。

05 把做好的长条形发片以螺旋的方式缠在棒针上，等黏土晾干后，取出棒针，长卷发发片就制作完成了。

23

1.4 可爱元素的制作

在 Q 版黏土手办的整体造型中,我们可以加入一些蝴蝶结、蝴蝶发带、兔子头饰、花花头饰、草莓装饰以及花边装饰等这类让人觉得甜美、可爱的装饰元素。

1.4.1 蝴蝶结

蝴蝶结在 Q 版手办里是一种十分常见的装饰元素,可以用来做头饰、发饰和服饰,且有多种样式。

蝴蝶结样式一　　　　　　　　　蝴蝶结样式二

● 蝴蝶结样式一

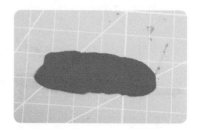

01 把少量红色黏土用压泥板搓成长条,稍微压扁后用擀泥杖将其擀成薄片。

02 用长刀片在擀出的薄片上切出两片相同的长方形薄片,接着弯曲长刀片把两片长方形薄片切成梭形。

03 用长刀片切出两片长薄片和一片短薄片。

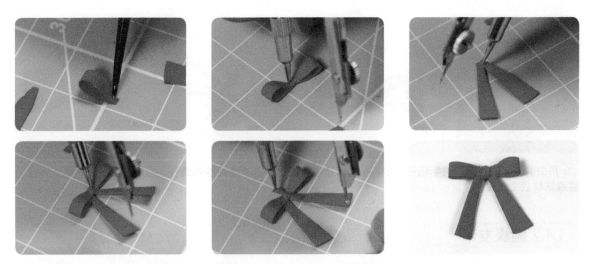

04 用棒针把准备好的梭形薄片对折，用圆规将所有薄片组合到一起，做出带有飘带的蝴蝶结样式。

● 蝴蝶结样式二

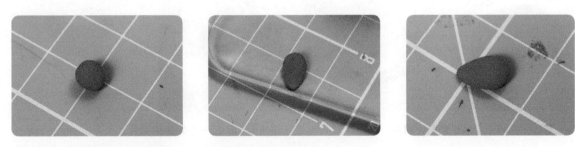

01 将少量的红色黏土搓成圆形，用压泥板将其搓成小水滴形。

02 把小水滴形黏土压扁，用剪刀将其较宽的一端剪平。

03 用勺形工具细尖的一头，在黏土片的中间压出一道凹槽，并用手将黏土片的尖端捏紧，作为蝴蝶结的一半。用相同的方法做出蝴蝶结的另一半。

04 用白乳胶把蝴蝶结的两半粘在一起，在蝴蝶结中间贴一个小长条把接缝遮住，用剪刀把多余的黏土剪掉，蝴蝶结样式二就做好了。

1.4.2 蝴蝶发带

制作蝴蝶发带时，只需利用蝴蝶压花器直接在黏土片上压出蝴蝶形的薄片，再将其粘在做好的发带上即可。

01 准备一片晾干了的红色黏土薄片，把薄片放在蝴蝶压花器内，压出一个蝴蝶形薄片。

02 将少量白色黏土擀成薄片，弯曲长刀片将其切成一个月牙形，作为发带。

03 用眉刀把压出的蝴蝶形薄片纵向对半切开，把两半蝴蝶形薄片依次粘在白色发带上，这样有立体感的蝴蝶发带就制作完成了。

1.4.3 兔子头饰

兔子本身就很可爱，兔子头饰也能给 Q 版手办人物增加一些可爱的气质。

01 将适量黑色黏土搓成圆形并稍稍压扁，用红色丙烯颜料在上面绘制兔子的眼睛、鼻子、嘴巴，做出兔子的脸部。

02 将两份同等份的黑色黏土分别搓成圆形，再用压泥板分别将其搓成长水滴形，再稍稍压扁，做出兔子的一对长耳朵。

03 把兔子的脸部和耳朵组合起来，再把"制作蝴蝶结样式二"中做好的蝴蝶结粘在兔子耳朵上，兔子头饰就制作完成了。

1.4.4 花花头饰

花花头饰是指以花为装饰元素的头饰。大家也可以选用其他样式的花元素来制作哦。

01 用红色黏土搓出 5 个大小相同的圆形。用压泥板把圆形黏土稍稍压扁，接着用眉刀在黏土片的 1/3 处切开，做出花瓣。用相同的方法把余下的圆形黏土做成花瓣。

02 用白色黏土做出圆形黏土片,把上一步准备好的花瓣与其组合在一起,做出一朵花。

03 用勺形工具的细尖头压出花瓣上的纹理,再把花瓣之间的接缝调整齐,可爱的花花头饰就制作完成了。

1.4.5 草莓装饰

草莓外观呈心形且鲜美可口,无论是在外形方面还是在口感方面,草莓都让人感到甜蜜。这类自带甜蜜属性的元素就非常适合用来装饰萌系风格的手办作品。

01 将适量红色黏土搓成圆形后用压泥板搓成胖水滴形,再把胖水滴形黏土粗圆的一端放在垫板上,将黏土往下压,压出一个平面,做出草莓的主体。

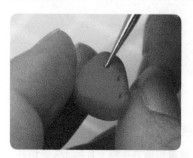  

02 用压痕笔在草莓表面戳出一些小洞,接着用中性笔在小洞上涂上黑色,做出草莓表面的斑点。

03 将适量绿色黏土搓成椭圆形，接着用压泥板将之压成薄片，再用 3mm 波浪锯齿花边剪在薄片边缘剪出上图所示形状的花边。

04 用眉刀把带花边的黏土片切成三片，将之作为草莓的叶子。然后把叶子组合在一起，并把草莓粘在叶子上，这样可爱的草莓装饰就制作完成了。

1.4.6 花边装饰

花边装饰在 Q 版手办人物服饰的制作上使用得较多，主要用在肩膀、裙身、裙边和袖口等地方，可以提高服饰的美观度。

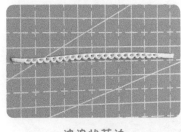 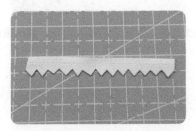 

波浪状花边　　　　　　　锯齿状花边　　　　　　　褶皱花边

● 波浪状花边

  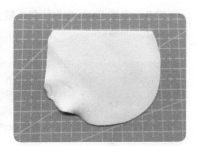

01 将适量白色黏土擀成圆形薄片，用长刀片把薄片的任意一端切成直边。

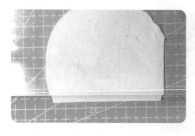  

02 用压泥板将薄片压住，留出边缘，随后用抹刀的侧面在薄片边缘上压出重复且连续的半圆形波浪。

  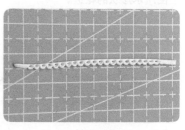

03 用压痕笔在半圆形波浪内压出凹印，制作出波浪状花边。然后用长刀片把波浪状花边整齐切下即可。

● 锯齿状花边

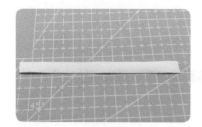  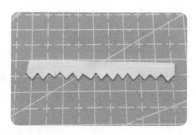

用笔刀把一条宽5mm左右的白色黏土条的一条长边切成锯齿状，做成锯齿状花边装饰。

● 褶皱花边

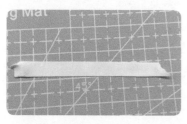  

01 准备一条宽5mm左右的白色黏土条，用棒针尖头挑起黏土条，折"Z"字，接着用手把褶皱的一端捏扁，折出"Z"字褶。

02 在黏土条上重复折出"Z"字褶，将黏土条折成一条完整的褶皱花边。

1.5 Q 版手办人物的比例介绍

Q 版手办人物的特征是头较大，这能让人物形象显得活泼、可爱。本书中介绍的 Q 版手办人物的形体有 2 头身、2.5 头身和 3 头身。

1.5.1 2 头身

2 头身的手办人物的身体总长度约等于 1 个头长。

2 头身的手办人物非常可爱。因为其头部较大，所以需要将重点放在头部的制作上，身体部分的制作应该尽量简化。2 头身的手办人物的脸型推荐使用包子脸脸型。

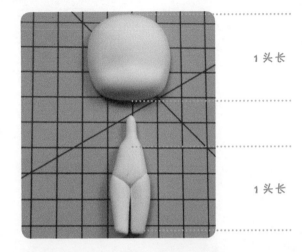

1 头长

1 头长

1.5.2 2.5 头身

2.5 头身的手办人物的身体总长度约等于 1.5 个头长，与 2 头身非常相似。

制作 2.5 头身的手办人物时，其脸型推荐使用包子脸脸型。2.5 头身的手办人物整体形象以圆润为主。

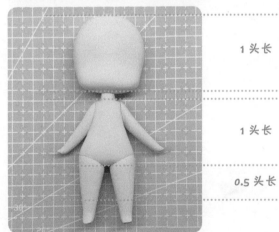

1 头长

1 头长

0.5 头长

1.5.3 3 头身

3 头身的手办人物的身体总长度约等于 2 个头长，与 2 头身、2.5 头身有很大区别。

随着身体总长度的增加，在身体塑形和衣服细节等的制作上会有更大的发挥空间。3 头身的手办人物的脸型推荐使用有鼻子的 Q 版脸型。

1 头长

1 头长

1 头长

第 2 章
Q 版手办人物的
制作要点

2.1 双腿的制作

本节的重点是教大家捏制 Q 版手办人物的双腿。本节从双腿制作、腿部动作制作和双腿的衔接等方面进行讲解。

2.1.1 Q 版手办人物双腿腿型的制作

因为 Q 版手办人物整体比较小巧，并且人物的脚被简化了，所以制作腿的时候可以把腿和脚做成一体，只需在腿的底端捏出脚的形状。

   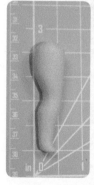 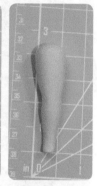

01 拿出 1.3.3 小节中制作的 Q 版手办人物的基础腿型，将大拇指侧面放在腿的中间位置并揉搓出膝关节窝，进而区分出大腿与小腿。

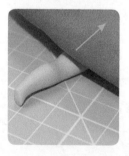   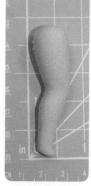 

02 用手掌从膝关节往大腿根部搓，注意控制手的力度，通过力度的不同来调整腿部的粗细。再将腿略微弯折，用大拇指将大腿处的黏土略往膝关节方向推，这样膝关节就制作出来了。

03 用同样的方法做出另外一条腿。注意做另一条腿时，随时将之与做好的腿进行对比并调整，让双腿的粗细和长短保持协调。

2.1.2 Q 版手办人物腿部动作的制作

调整膝关节可以形成不同的腿部动作，常见的腿部动作有坐姿、行走状态的姿势和站姿等。其中站姿腿型的做法在上一小节中已讲解，本小节只讲解坐姿腿型和行走状态中的腿型的制作。

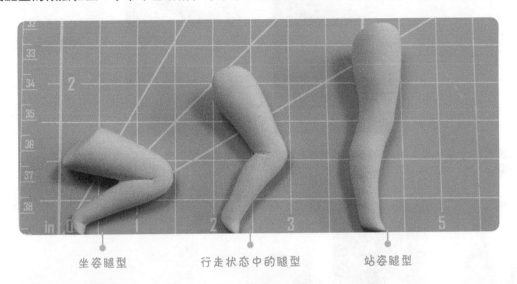

坐姿腿型   行走状态中的腿型   站姿腿型

此腿部动作呈坐姿，小腿弯曲置于大腿下方，膝关节骨点凸出。   此腿部动作呈行走姿势，小腿自然弯曲，制作时注意调整腿型。

● 坐姿腿型

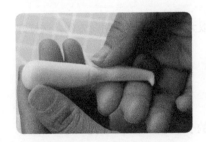

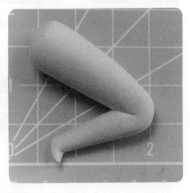

01 用肤色黏土做出基础腿型。   *02* 弯折小腿，将两个大拇指放在膝关节处，将腿稍微拉长，调整膝关节的形状。

小提示：大腿长度要再次修剪，所以只能比小腿长度长，不能比小腿长度短。

03 调整腿部侧面和正面的形状后，用弯头剪刀将大腿根部剪成斜面，确保大腿和小腿一样长。

● 行走状态中的腿型

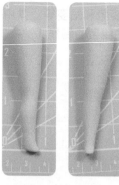   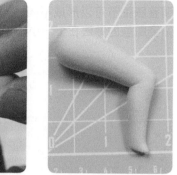

01 用肤色黏土做一个
基础腿型。

02 将腿从膝关节处弯折，并收窄膝关节部分。

   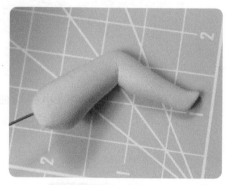

03 调整小腿形状，将小腿稍稍弯曲出一个弧度。因为做的是右腿，所以大腿根部的斜面朝向内侧，这样方便与身体拼接。

2.1.3 Q版手办人物双腿的衔接

单条腿制作完成后，需要将双腿进行衔接组合。注意：两条腿的长度要一致，避免出现一长一短的情况。

● 坐姿腿型的衔接

01 将白色黏土搓成一个短短的圆柱体，食指放在上面不动，双手大拇指往斜下方推，将正面压平，做成类三角形。用大拇指和食指将类三角形黏土的边缘捏出来，捏成内裤形状的黏土部件。

   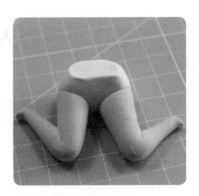

02 将已完全晾干的两条腿放在垫板上，将制作好的内裤黏土部件粘在腿上并调整形状。

如何判断制作的身体部件是否干燥

如果制作身体部件时使用的是 Loveclay 黏土，放置 3 小时左右就可以继续进行下一步制作了。由于不同黏土的干燥速度不一样，所以部件干燥所需的时间不同。推荐大家使用 Loveclay 黏土，虽然该黏土比普通黏土贵一点，但更容易塑形，非常适合新手哦。

   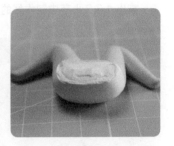

03 在靠近大腿根部处用眉刀在白色黏土上划一圈，切破表皮后一点点扒开黏土，再用弯头剪刀剪掉多余黏土，坐姿腿形的衔接就完成了。

● 其他腿型的衔接效果图

无论是哪种腿部动作，其腿部的衔接方法都是一样的，只要保证 Q 版手办人物的下半身和谐即可。

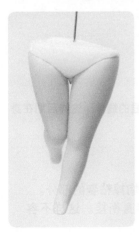 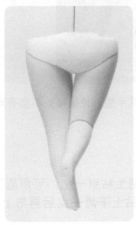 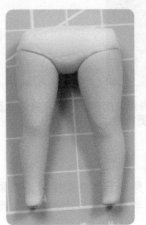 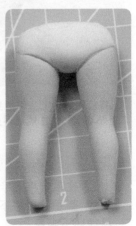

行走状态中的腿型衔接　　　　　　　　　　站姿腿型的衔接

2.2 Q版手办人物身体的衔接

衔接Q版手办人物的上半身与下半身时，上半身与臀部需要保持同等宽度。衔接时要用手或工具抹平连接处的缝隙，让上、下半身成为一个完整的身体。

● 站姿的身体衔接

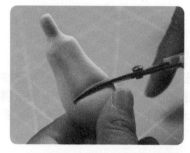
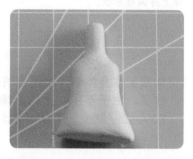

01 拿出1.3.2小节中制作好的上半身，用弯头剪刀在上半身合适的位置进行裁切。

02 拿出上一小节中衔接好的站姿下半身，用眉刀和弯头剪刀在胯部合适的位置进行裁切，便于和上半身的衔接。上半身与下半身的长度比可参考右图。

03 将裁切好的上、下半身组合起来，用手将接缝尽量抹平整，使衔接处不会有明显的缝隙。这样后期在身体上贴衣服时，才能贴得更自然。

> **身体衔接的要点**
> （1）在多次将上半身与下半身衔接时，如果黏土粘到一起，可用眉刀切掉粘着的部分。
> （2）新手可以将下半身放置5小时左右，等黏土干燥一点后再与上半身衔接。这样不容易捏坏下半身。

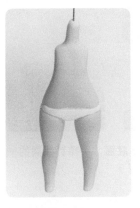  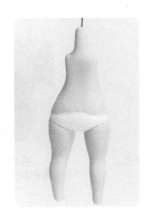  

04 调整身体姿态，完成上半身与下半身的衔接。

小提示：Q 版手办人物的头身比一般是 2~3 头身，身形特征是肩膀窄、臀部宽、脚尖小。较宽的臀部更能突显人物的萌态哦。

● 其他姿势的身体衔接

Q 版手办人物的上半身与其他姿势的下半身的衔接方法与上半身与站姿下半身的衔接方法一样，衔接时注意整个身体比例的统一。

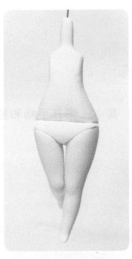

行走状态中的身体

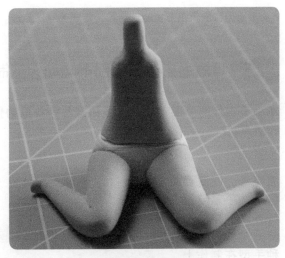

坐姿状态中的身体

2.3 Q 版手办人物手的制作

制作 Q 版手办人物的手比制作正比手办人物的手简单很多，只需做出手肘和手掌的基本造型。

2.3.1 Q 版手办人物常规手的制作

Q 版手办人物常规手的制作，通常都是在搓出上粗下细的手臂的基础上，做出简单可爱的手掌，根据人物手臂的动态，再进一步细化。

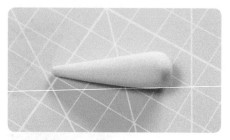   

01 将适量肤色黏土搓成锥形长条。

02 将锥形长条的尖端弯折90°并压平底面，用棒针粗圆的一端在尖端压出凹槽，手部基础形就做好了。

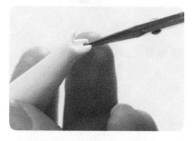  

03 用剪刀依次剪出五指制作手掌，常规手制作完成。

2.3.2 Q版手办人物手部不同动作的制作

本小节制作的手部动作为叉腰和握拳等常见动作。其中，张开手指和握拳的动作是本小节的制作重点。

此手部动作为叉腰姿势。在此姿势下，手掌自然打开，手指向手背方向伸展。这种手型在制作上最为简单。

此手部动作为握拳姿势。在此姿势下，除大拇指外，其余四指向手心方向收拢、弯曲。

● 叉腰手势

01 制作一个常规手，然后将手臂搓细，与身体对比并修剪手臂多余的部分。

小提示：手臂长度大约到大腿根部。

 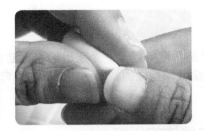 

02 将手臂在 1/2 处弯折,大拇指和食指放在上臂左右两边,另一只手的大拇指将黏土往手肘处推,用来固定角度。再稍微调整形状,直到满意为止。

● 握拳手势

01 准备一个手部基础形,用棒针细尖的一端压出手腕,再将手腕搓细。

小提示:手掌长度比手掌宽度略长一点即可。

02 用剪刀剪出大拇指后,用棒针细尖的一端滚动压出大拇指与食指间呈垂直状的手掌虎口。

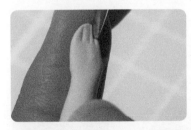  

03 用抹刀划出其余四指,同时将手指弯曲,Q 版的握拳动作制作完成,是不是非常简单呀!

手部动作制作难点

制作手部动作最难的地方就是角度问题。一个正确的手部动作是由手掌朝向、手肘朝向和手臂根部斜面的朝向等方面共同构成的，稍不注意就容易弯折出骨折的姿势。

2.3.3 手部不同的动作与身体的衔接

衔接手部与身体时，需将手臂根部修剪出斜面，这样才能与肩部更好地连接在一起。

● 叉腰手势与身体的衔接

01 准备之前制作好的已经干燥的身体部件及刚完成的手部动作部件（不必等它变干，一干一湿便于衔接）。

02 将手臂根部剪出斜面后粘在肩部，并尽量将接缝抹平整。

小提示：修剪后会发现手臂根部被剪得特别尖，需稍微调整一下再进行衔接。

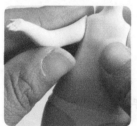

03 重复同样的操作将另一只手衔接在肩部，手臂安装完成。

● 握拳手势与身体的衔接

01 用与P41中相同的方法做出握拳手势的手臂。对比身体，截出适当的胳膊长度。

小提示：2~3头身Q版手办人物的手臂长度为肩部到大腿根部的长度。

02 将手臂弯折 90° ，同时调整形状。注意手臂弯折方向（需在大拇指一侧弯折）。

03 用手捏一下手肘，固定角度，用剪刀在手臂根部剪出斜面后，将手臂与身体进行衔接。用相同的方法制作并安装另一个手臂。手臂安装完成。

2.4 Q版手办人物常见姿态

下面展示的是一些常见的 Q 版手办人物姿态。当然，大家也可以通过观察身边人，制作一些其他的姿态。

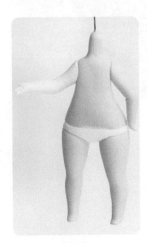  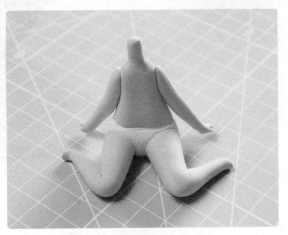

站姿　　　　　　　　行走　　　　　　　　　　坐姿

第 3 章

2 头身与
2.5 头身的萌宝

3.1 万圣夜惊魂

3.1.1 头身比与人物姿态分析

● 头身比分析

此案例中人物约为 2.5 头身，
因人物的姿势为坐姿，小腿
与腰部基本平行，所以头身
比和身体各部件的长度会有
视觉差。另外，人物的头部
长约 3.5cm，脖子到脚底长
约 5cm，其中脖子到臀部长
约 3cm，裆部到膝关节长
约 1cm，膝关节到脚底长约
1cm。为了让大家看得更加
清楚，这里用站姿的图示来
分析。

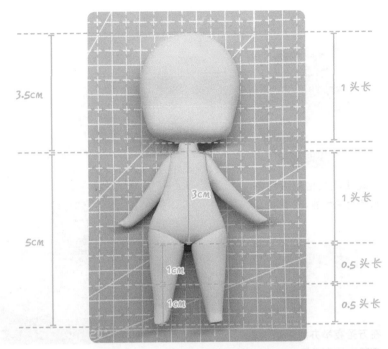

● 人物姿态分析

本案例是以"万圣夜惊魂"
为主题创作出的 Q 版手办人
物及其场景。在该场景中一
个低着头、神色惊讶、双手
握拳的女孩子，小心翼翼地
坐在南瓜灯上，背后还有墓
碑和幽灵等装饰，这些一起
营造出了万圣夜紧张、恐怖
的氛围。

3.1.2 案例制作提示

表现暗黑风格的以红色、
黑色为主色的 JK 制服

独特的骷髅造型头绳

在万圣夜举办的活动中必
不可少的南瓜灯

表现万圣夜主题的墓
碑与 Q 版幽灵

3.1.3 制作身体

• 身体姿势分析

在案例"万圣夜惊魂"
中，人物坐在南瓜灯上，
所以身体姿势是常见的
坐姿，其特征为上半身
挺直且微微前倾、双腿
弯曲成直角、大腿大致
保持水平。

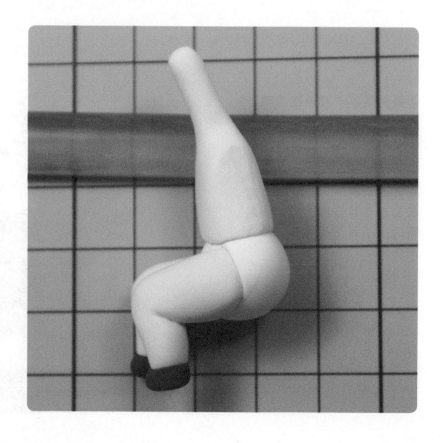

● 身体制作

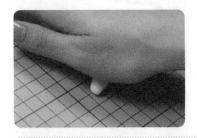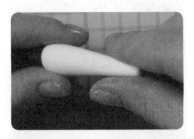

01 用手掌倾斜着将一个肤色黏土长条的一端稍微搓细，搓出一个锥形的长条作为人物的基础腿型。

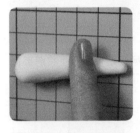

02 用手指将腿底端往上 1cm 多一点处稍微搓细并自然过渡，做出膝关节。然后从搓细的位置将腿弯折 90° 并将膝关节向中间稍稍挤压。

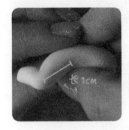

03 用大拇指指腹将膝关节往上 1cm 处稍稍搓细，然后用剪刀斜着剪去大腿上多余的部分，接着把膝关节往下 1cm 处剪平，以便与脚衔接。注意，两条腿的做法相同，需区分左右腿。

04 用红色黏土和少量黑色黏土混出深红色黏土，将之搓成圆形，贴在小腿底端的切面上，并用手指向里按压，做出鞋子。然后用羊角工具将鞋子两侧和脚后跟压平，再用两指将鞋头稍稍捏扁一点。用同样的方法做出另一条腿。

05 将白色黏土搓成圆形，用两指将一端稍稍捏扁，再用剪刀将扁的一端剪成三角形，作为人物的胯部。

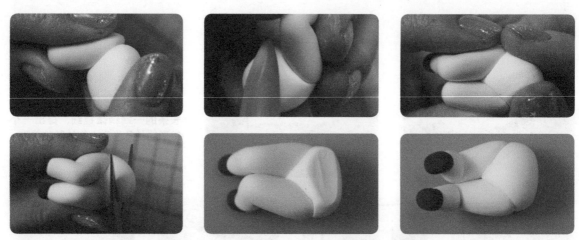

06 将大腿切面对准胯部切面贴上并用羊角工具挤压边缘，使大腿切面与胯部切面尽量贴合；用手将胯部向上收窄并让胯部向前弯曲；接着在裆部往上 1cm 处用剪刀剪去多余部分，完成人物下半身的制作。

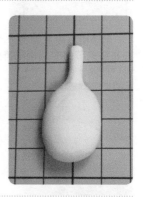

07 将肤色黏土搓成一个胖水滴形，作为上半身。以旋转的方式用手指将胖水滴形的尖端轻轻搓细，做出脖子。用手把脖子根部压扁、压斜一点，让脖子根部比肚子扁一些。

08 用手指揪出肩膀部分（不要塌肩），用剪刀将多余的部分斜着剪掉让上半身呈梯形，用手轻轻抹掉腰部的棱角，用剪刀把从脖子根部往下 2cm 以外的部分剪掉，完成人物上半身的制作。

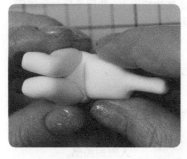
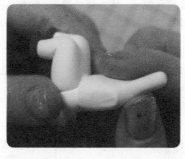

09 把做好的下半身与上半身衔接，并用手调整形状，做出人物的身体。

3.1.4 制作服装

● 服装款式分析

此处给人物设计的是暗黑风格的 JK 制服，整体以红色和黑色为主色，与本案例的主题十分契合。

JK 制服是日本女子高中生制服的统称，由于制服衣领外形的差异，有札幌襟、关东襟、关西襟、名古屋襟这四个种类，本案例制作的衣领类型是关西襟，大家也可尝试制作其他类型。

● 服装制作

01 用一个直径 4cm 左右的切圆工具（没有合适的切圆工具时，可拿尺寸相近的圆形盒代替），在用黑色黏土和少量白色黏土混出的深灰色黏土薄片上压出圆形薄片，用剪刀把薄片边缘修剪整齐。再用切圆工具在圆片中间掏洞，用镊子夹出多余黏土，形成一个圆环。

02 用眉刀轻轻在圆环上有规律地压出直线（不要切断），形成大小一致的梯形，接着把薄片切成"C"字形，用作裙片。

03 把裙片围绕着胯部贴，用手指挤压出褶皱，否则裙子线条会过于生硬。用同样的方法做一片裙片，以做出完整的裙子。

04 用面相笔蘸取红色丙烯颜料，并在裙摆上画上线条装饰。

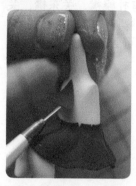

05 用眉刀在深红色黏土片上切一个三角形，用抹刀将其贴在胸口，用马斯黑色丙烯颜料在三角形上画出装饰图案。

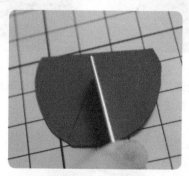

06 用眉刀把深红色黏土片的一边切平，在对应的另一边上切掉一个三角形，做出前衣片。然后将衣片的直边对齐腰部，把衣片贴在身体正面。

07 用眉刀把深红色黏土片的两边切平整，用切圆工具在其一边压出一个半圆后，做出后衣片并将其贴在后背。

08 将前后衣片在身体两侧捏紧，按照身形用剪刀剪去多余部分，并在左右侧面下端剪出三角形缺口。用剪刀把衣服底部剪整齐，随后用羊角工具轻轻挤出褶皱。

09 将适量深红色黏土搓成一头长、一头短的梭形，用剪刀把短的一头剪平，再稍稍压扁，做出袖子的基础形。注意，袖子的长度约等于肩到臀部的距离。

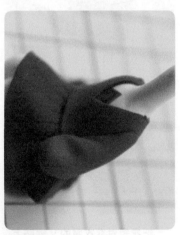

10 把上一步做好的袖子的尖端贴于左侧肩部并按压平整，用羊角工具和棒针在袖子上压出褶皱。注意，褶皱边缘要有过渡不宜太生硬。

11 用手指的侧面将另一只袖子基础形的中间搓细并用手折出直角，接着把袖子底端剪成斜面。

12 把上一步做好的袖子贴于身体右侧，用羊角工具压出褶皱。至此，人物的两只袖子就制作完成啦。

  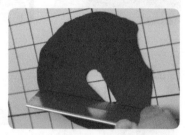

 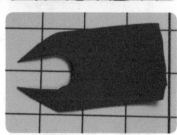

13 在深灰色黏土片中间用和脖子差不多粗细的切圆工具压出一个洞，用眉刀按照洞的直径切出三角形后，弯曲长刀片切出衣领外围的形状。

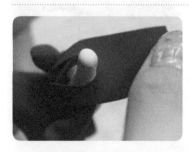  

14 把衣领对准衣服的 V 领贴上，用手指压下衣领使其贴在背上，接着用剪刀修剪背后衣领的长度。

15 用面相笔蘸上红色丙烯颜料，并在衣领边缘画上红色装饰线条。接着切出一长一短的黑色黏土细条，将之拼成十字形装饰，贴在胸前衣领的底端。

16 用眉刀把扁状的肤色椭圆形黏土一分为二，用羊角工具将之分别贴在袖子底端作为手部。

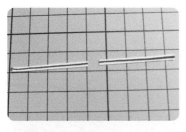  

17 准备两片在白色宽条中间贴有红色细条的黏土片，把黏土片的边缘对准袖子切面绕一圈并在下方捏拢，再用剪刀剪去多余部分。

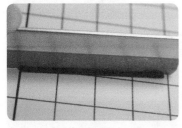 

18 用眉刀切出黑色黏土细长条，将之缠在脖子上作为装饰，接着用剪刀剪掉多余部分，人物的服装就制作完成啦。

3.1.5 制作头部

● 头部造型分析

人物表情为惊讶，设计的发型是卷发、半扎双马尾搭配中分刘海儿，还有骷髅造型的头绳。这些元素与人物整体表现出的暗黑风格相呼应。

● 画脸

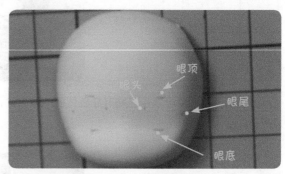

01 参考 1.3.1 小节里的内容，用脸型模具制作一个脸型，等待其晾干。

02 在眼窝处绘制定点。根据眼睛大小定出眼顶与眼底，根据眼睛高低定出眼头与眼尾。

小提示：为了让人物显得可爱，眼头应高于眼尾，且两眼之间距离约为一只眼睛的长度。

03 用弧线将标记出的四定点连接起来画出眼睛轮廓，并画出眉毛、嘴巴，接着在眼睛内勾画出眼珠并加粗眼线，随后画出睫毛、双眼皮、牙齿和痣。

04 用马斯黑色丙烯颜料再次给眼珠轮廓、睫毛勾线，加深眼睛颜色。

05 用红色丙烯颜料为眼珠的下半部分上色，留出下方的圆圈和瞳孔的位置。

06 用马斯黑色丙烯颜料把眼珠的上半部分和瞳孔涂黑。

07 用马斯黑色丙烯颜料和红色丙烯颜料调深红色，过渡眼珠内的色块交界线，让眼珠颜色变得自然。

08 用肉色丙烯颜料为眼珠下方的圆圈上色并加深左眼旁边的痣。

09 用钛白色丙烯颜料涂满眼白，添加高光。

10 用钛白色丙烯颜料和一点马斯黑色丙烯颜料画出眼白部分的阴影。

11 用丙烯颜料的熟褐色和钛白色调和的颜色画出眉毛，用肉色加深双眼皮，用马斯黑色加深痣。

12 用丙烯颜料的肉色加红色涂嘴巴，用钛白色涂牙齿；用棕色为嘴巴勾线，不要勾满；将红色叠加在眼头，以避免眼线过于死板。

小提示：眉头尽量虚化，不要画得太实。

13 用刷子蘸粉色眼影粉以打圈晕染的方式涂出眼睛下方的红晕。接着用面相笔蘸取红棕色眼影粉晕染在双眼皮和眉头上，晕染范围不要过大。

14 用大量白色黏土、少量黄色黏土、一点点棕色黏土和黑色黏土混出淡黄色黏土，用淡黄色黏土做后脑勺和头发。先取适量淡黄色黏土搓成圆形贴在脸型后面，让黏土尽量与脸型边缘完全贴合，再把其余部分向前包，使头部整体以下巴为尖端呈水滴形，接着将其放置在一旁晾干。

● 头与身体的组合

15 用剪刀把脖子顶端剪齐，再插入铜丝，然后用钳子剪去多余的铜丝。

16 选择与脖子相同粗细的切圆工具，在头部底部中间位置挖一个洞（这一步需等后脑勺干透后进行，以免后脑勺变形），再把头部套在脖子上。

● 制作头发和耳朵

17 将淡黄色黏土用压泥板斜着搓出一头尖、一头圆的长条作为头发。然后用双手的大拇指与食指捏住长条，两个大拇指朝相反方向分别抹出头发的棱角，将其做成"S"形后用剪刀把发尾修尖。

18 用剪刀剪掉头发多余的部分，并将其贴在后脑勺下半部分，用大拇指将发根部分的黏土向上抹薄一些，再用眉刀将发根切齐。

小提示：发根太厚不便于层层叠加头发，因此需要将发根抹薄一些。

19 用同样的方法做出粗细、走向、层次各不相同的头发，将之贴在后脑勺的下半部分并且让发根保持在同一水平线上，从而做出后脑勺上的卷发。

  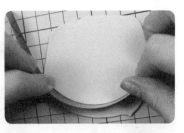

20 将淡黄色黏土用擀泥杖擀成一片有一定厚度的黏土片，用手指调整黏土片的厚度，弯曲长刀片将黏土片的一边切成弧形。

21 把黏土片弧形的一边对准后脑勺卷发的发根贴，然后用类似包汤圆的方式将黏土片向脸部前面包，注意力度要轻一点不要按出手印。

22 把黏土片包到发际线的位置后用眉刀切去多余部分。

23 先用压痕刀在后脑勺划出中线，确定马尾定点；然后用羊角工具朝着马尾定点由重到轻地划出头发纹理。

24 准备一个扁状的椭圆形肤色黏土块，用圆头工具在黏土块上压一个凹槽，接着用眉刀将黏土块切成两个半圆，作为人物的耳朵。

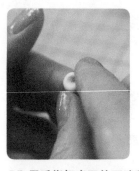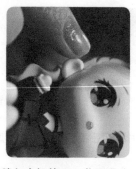

25 用手指把半圆的两端稍稍向中间挤压，将耳朵上端对齐眼尾贴在脸的两侧，用羊角工具抹平接缝。

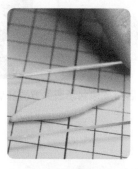

26 用淡黄色黏土搓一个梭形，将压泥板斜着把梭形的两端稍微压扁，注意一端稍薄，另一端稍厚。继续将压泥板斜着把梭形两边压薄一些，做出带弧面的发片。

27 将发片放在手指上，用手指弯出弧度，用剪刀在发片稍薄的一端剪出分叉，然后把发片的上半部分斜着弯折，做出刘海儿发片。

28 用剪刀剪掉刘海儿发片多余的部分并保留一个小角，然后把发片贴在发际线的左侧位置，用羊角工具挤压发片使其与发际线紧贴。

  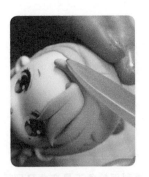 

29 做一片长一些的发片贴在刘海儿上方使其包过刘海儿，用羊角工具按压使其紧贴发际线；然后对准中线，用眉刀切掉多余部分。

30 制作一片发尾细尖呈螺旋状的发片，将之贴在上一步贴好的大发片边缘，用剪刀把发片顶部剪尖，用羊角工具把发片贴在大发片下面。

31 准备一片一头稍扁、一头稍尖的发片，将之贴在刘海儿与大发片之间并弯出弧度。

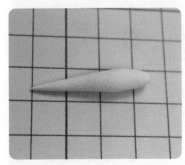 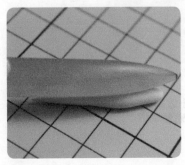 

32 准备一条锥形长条，将它作为马尾的基础形，再用羊角工具在马尾上划出头发纹理。

33 用手扭曲马尾的尖端，再利用羊角工具弯曲马尾顶端，用剪刀修剪顶端后将其贴在马尾定点上。

34 搓一条一头粗、一头细的黏土条，将其贴在马尾旁边，做出飘起的发丝。接着用同样的方法做出另一边的马尾。

   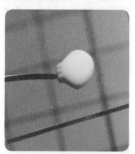

35 用压泥板把白色圆形黏土压扁，用抹刀切出骷髅造型后把边缘修整平滑，接着划出牙齿。

  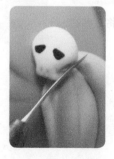 

36 用马斯黑色丙烯颜料在骷髅上画出眼睛，将其贴在马尾顶端作为发饰。用同样的方法做出另一个骷髅装饰。

3.1.6 加入装饰

● 装饰元素分析

万圣夜的主题是鬼怪以及与鬼怪有关的事物。幽灵、骷髅、南瓜灯等是万圣夜常用的装饰元素，而黑色和橙色也是万圣夜的传统颜色。本案例用到的装饰元素有南瓜灯、墓碑和 Q 版幽灵。

南瓜灯

墓碑与 Q 版幽灵

● 制作南瓜灯

  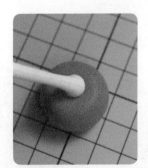 

01 用大量橙色黏土和少许棕色黏土（也可用红色黏土加黄色黏土和棕色黏土）混出南瓜颜色的黏土，将其搓圆后用压泥板稍稍压扁，再用圆头工具在一端中间压一个圆坑。

02 用手指将压出圆坑的一端稍微搓小一点，形成一个上小下大的形状，接着用羊角工具划出南瓜的分瓣，做出南瓜的造型。

03 用面相笔蘸取棕色丙烯颜料在南瓜的任意一面画上表情。

● 制作墓碑

04 用眉刀将约有 5mm 厚的灰色黏土块切成长方形，用酒精棉片稍稍打磨切痕。需准备一大一小两块灰色黏土块。

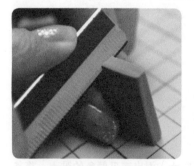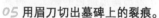

05 用眉刀切出墓碑上的裂痕。

06 用马斯黑色丙烯颜料和钛白色丙烯颜料调出一个比墓碑颜色浅的灰色，用面相笔蘸取该灰色画出墓碑上的图案。

07 用面相笔蘸取草绿色、橄榄绿色等深浅不同的绿色系丙烯颜料，随意地点在墓碑上，然后用干了的酒精棉片抹开，制造出墓碑上长满青苔的效果。

08 用刷子蘸取黑色色粉扫在墓碑边缘和破损处。

09 用白乳胶将两块墓碑按照右图所示的形状组合在一起。

● 制作 Q 版幽灵

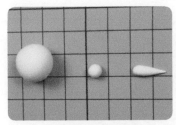   

10 用白色黏土分别搓成的一个大圆形、小圆形和长水滴形来制作 Q 版幽灵。先搓一个大圆形晾干一些，再搓一个小圆形贴在大圆形上并用手指斜着压扁一点，接着搓一个长水滴形，将其扭曲后贴在小圆形上。

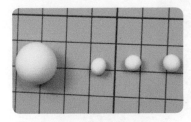  

11 用白色黏土分别搓成的一大三小的圆形来制作另一种造型的 Q 版幽灵。等大圆形晾干一些后把搓出的 3 个小圆形并排贴在大圆形底端。

12 用面相笔分别蘸取马斯黑色丙烯颜料和红棕色眼影粉给做好的 Q 版幽灵画上表情、扫上腮红。

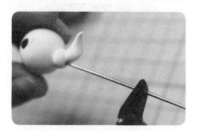

13 将一个 Q 版幽灵用白乳胶粘在墓碑后面，在另一个 Q 版幽灵底端插入铜丝，用钳子将多余部分剪掉，将铜丝另一端插在墓碑后面。

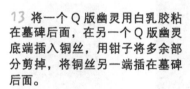

3.1.7 场景组合

● 场景构图分析

本案例以女孩为视觉中心，所以将制作的墓碑与 Q 版幽灵等体现万圣夜特征的装饰元素分别放置在女孩身后并让女孩坐在南瓜灯上。

● 添加底座与场景组合

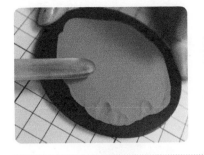 

01 用棕色黏土、黑色黏土和白色黏土混出土色黏土，将其放在底座上用羊角工具压成一个不规则的薄片，再用手压出坑坑洼洼的效果。

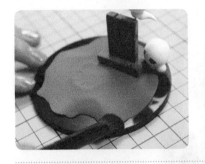 

02 把做好的墓碑和 Q 版幽灵放在底座后半部分，将南瓜灯放在黏土片上压出痕迹后放到一旁，随后用刷子蘸取黑色色粉加深底座上黏土片的边缘，再根据南瓜灯压出的痕迹用微型电钻打孔。

03 用刷子蘸取粉色眼影粉刷在手办人物耳朵和膝关节上。

04 用铜丝贯穿南瓜灯和女孩，然后用钳子在距离南瓜灯的长度与底座厚度相同的位置剪断铜丝，在铜丝底端涂上 UHU 胶水后将其插在打孔的位置。至此，万圣夜惊魂 Q 版手办就制作完成了。

3.2 青灵

3.2.1 头身比与人物姿态分析

● 头身比分析

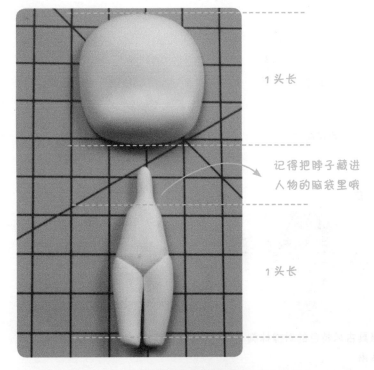

1 头长

记得把脖子藏进
人物的脑袋里哦

1 头长

本案例捏制的 Q 版手办人物
为 2 头身。其特征为人物头
长和身体的长度基本一致，
且头的宽度大于身体的宽度，
人物整体表现为头大身体小。
用此头身比捏制出来的 Q 版
手办人物十分可爱。

● 人物姿态分析

本案例捏制的 Q 版手办人物
是一个叫青灵的打扮得很古
风的女孩。女孩的双手张开
并向后摆，脑袋微微向右侧
倾，右手手腕上还挂着心爱
的荷包。

3.2.2 案例制作提示

古风荷包

极具古风特色的对襟抹胸
襦裙

本案例中的女孩梳着古代常见发
式，同时搭配了用于突出女孩气
质和可爱感的刘海儿

3.2.3 制作头部

● 头部造型分析

可爱的垂耳发髻、齐耳的鬓
发搭配俏皮的内弯刘海儿，
突出了满满的少女感。整体
妆容清丽可爱，额间花钿更
增添了古风韵味。头部是本
案例中手办人物的重要部位，
大家在制作时要细致一点哦。

● 画脸

01 准备一个干透的 Q 版无鼻尖的脸型、熟赭色、马斯黑色、沙普绿色、柠檬黄色、钛白色、深红色等丙烯颜料，以及有护色、增亮效果的水性亮油，也可以用丙烯调和液。

  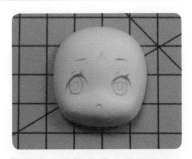

02 用极细款面相笔蘸取熟赭色，在脸型上给眉毛、眼睛、嘴巴定点，随后画出眉毛、眼睛、嘴巴和花钿的草稿。

小提示：中途画错可以用酒精棉片擦拭更改。

用丙烯颜料起稿画脸的注意事项

（1）用丙烯颜料起稿画脸时，丙烯颜料中混入的水的比例一定要大。

（2）用吸水量大的笔起稿前，一定要用纸吸走笔尖多余的水分，防止起稿时颜色晕开。

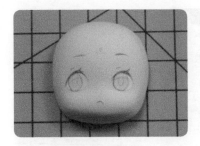 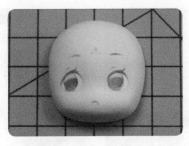 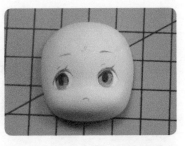

03 将钛白色和水按 1∶1 的比例混合，绘制出眼白部分。

04 用沙普绿色、柠檬黄色、熟赭色和钛白色进行混色，绘制眼珠下半部分的浅色。

05 用沙普绿色和少量马斯黑色进行混色，绘制出瞳孔和眼珠的深色部分。

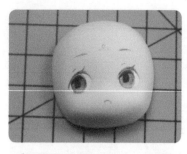 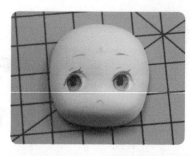 

06 用大量钛白色和步骤 04 中调出颜色进行混色，画出瞳孔下方的椭圆形反光。

07 用钛白色和少量马斯黑色调色，为眼白上半部分添加阴影。

08 用步骤 05 中调出的颜色勾画眼珠轮廓。

小提示：越接近瞳孔底部，笔触越轻，颜色越淡。

  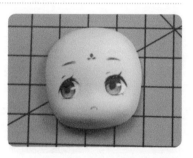

09 用熟赭色和马斯黑色进行调色，加深眼睛的轮廓和眉毛、双眼皮、上睫毛的颜色，再用笔尖浅浅勾出少许下睫毛和嘴巴。

10 用深红色勾画出额间的花钿。

11 用钛白色点出眼睛部分的高光。

  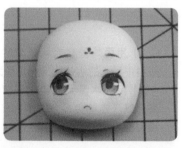

12 用刷子蘸取粉色色粉给脸部上妆，增加脸部的立体感。先用圆头刷子涂抹出腮红，再用扁头刷子扫出双眼皮、眉头、嘴巴等部位的颜色。

   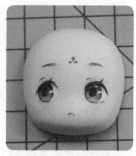

13 用极细款面相笔蘸取水性亮油，薄涂在上眼睑下方，用水性亮油自带的刷子厚涂眼睛，用钛白色丙烯颜料在腮红上点上小白点，使得手办人物显得更加水嫩。

● 制作头发和耳朵

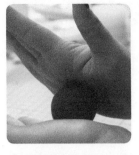

14 将适量棕色黏土搓成圆形，粘在脸型后面制作出后脑勺。注意，后脑勺侧面的厚度不要超过 4cm，头顶要高出额头一定的高度。

15 先用压痕刀在后脑勺上刻画出中分线，再用棒针的圆头定出发髻的位置，随后用压痕刀朝着确定的发髻点压出头发纹理。头发纹理如上面第四幅图所示。

16 将适量肤色黏土搓成圆形，用压泥板将其压扁，然后用剪刀将其对半剪开，做出耳朵的基础形。

17 用棒针的圆头在耳朵基础形上压出圆形耳蜗，然后用剪刀剪去多余部分。将耳朵贴在与眼睛平行的位置，用刷子蘸取粉色色粉给耳垂和耳郭上色。

  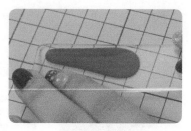

18 倾斜压泥板将棕色黏土搓成一头细、一头粗的长条，接着压扁成黏土片。

小提示： 黏土片要有一定的厚度，边缘可以略薄。

19 用压痕刀在黏土片上刻画出头发纹理，然后用剪刀剪出部分分叉和一些较细发丝，将发根往内弯曲做出头部右侧的发片并贴在头上。

20 准备一片用压痕刀刻画出头发纹理的发片，用剪刀剪出部分分叉后修齐发尾，接着用手把发根部分向内弯曲，再用勺形工具将发片贴在头部左侧使其紧贴后面的头发。

21 在有一定厚度的发片上，用剪刀沿边缘剪出月牙形发丝，把发丝拼接成刘海儿后贴在相应位置，用勺形工具调整造型。

22 倾斜压泥板将棕色黏土搓成梭形并压成两头窄、中间宽、边缘薄且带有一定厚度的黏土片，将之作为发片。接着用压痕刀在发片上刻画出头发纹理。

23 把发片两头对折贴在一起，剪掉多余部分后将其贴在确定的发髻点上，用勺形工具调整发髻位置。用同样的方法做出另一个发髻。

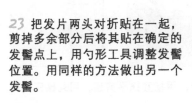  

小提示：若发片黏性低可以使用白乳胶加固。

3.2.4 制作身体

● **身体姿势分析**

在本案例中，给人物设计的姿势是常规站姿。把身体从裆部截断，分成上半身与下半身。上半身和下半身的比例为 1 : 1，并且把身体整体做得圆润、有肉感，这样做出的 Q 版手办人物会显得更可爱。

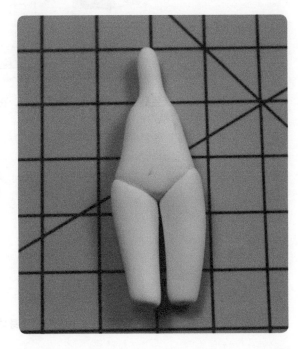

● **身体制作**

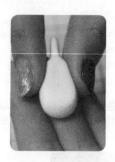

01 将适量肤色黏土搓成水滴形，用压泥板压扁，接着用食指和大拇指合力搓出脖子。双指再捏住上半身左右两侧，向内挤压，调整出身体曲线。

小提示：Q版手办人物上半身的四面转折处不要过于尖锐，要圆润一些。

02 预留合适的长度，用剪刀剪去多余黏土并剪出与大腿根部的衔接位置，用指腹抹平剪痕，用丸棒压出两侧与大腿根部的衔接面。

03 倾斜压泥板将适量肤色黏土搓成上粗下细的长条，在垫板上抵出小脚丫，同时微微往内弯曲出腿的弧度，接着用剪刀剪掉多余的黏土，做出双腿。

小提示：大腿根部的宽度需要与上半身预留的大腿根部位置的宽度相匹配。

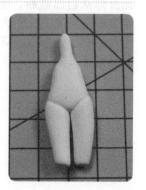

04 将做好的双腿与上半身进行衔接，用手调整整个身体的动作姿势。

3.2.5 制作服装

● 服装款式分析

本案例中，人物的服装为对襟抹胸襦裙，该服装是通过抹胸把裙腰束在胸部，服饰整体颜色以汉服常用的青黄色为主色调。制作时，先做裙身，再做抹胸，最后添加衣襟，使服装成为一体。

● 服装制作

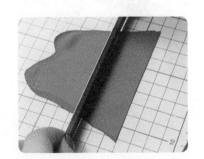

01 用大量的小哥比绿色黏土和少许黑色黏土混合出深绿色黏土，将黏土放在透明文件夹里，用擀泥杖擀出薄片，用长刀片截取合适的长度作为裙片。

02 把切好的裙片的较短的一边折出花边，然后用擀泥杖把花边上端压薄，便于与身体贴合。

03 把切掉顶端多余黏土的裙片贴在腰部位置，用剪刀和眉刀裁切多余部分，用棒针调整裙摆的造型。

 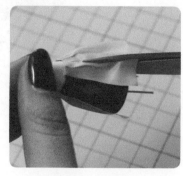 

04 制作外层半透明黄色纱裙。将金色树脂黏土和素材土混合后的黏土擀成半透明状薄片，将一端折出花边后涂上白乳胶，贴在腰部位置。注意，裙片共前后两片，且接缝在身体两侧，粘贴时要对齐接缝位置。

 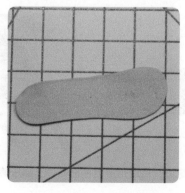

05 用金色树脂黏土、深绿色黏土和白色黏土混合出青黄色黏土后，将其擀成薄片。

06 根据身体长度用眉刀在青黄色黏土薄片上切出宽度适宜的长片，将其粘贴在胸部作为抹胸，然后用剪刀剪去侧面多余部分。

07 根据脖子粗细选取合适的切圆工具，在黄色黏土薄片上切一个圆，接着用眉刀切出领口，将其对称贴在肩部，做出上衣。

08 用镊子在上衣上夹出肩膀位置，用剪刀和眉刀修剪多余部分，再用压痕刀沿抹胸边缘调整衣服细节。

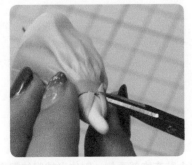

09 切出黄色细长条黏土，将其沿上衣绕肩膀转一圈，用剪刀剪去多余的黏土，用压痕刀调整接缝处，做出衣襟。

10 将白色黏土搓成水滴形并微微压扁，接着用剪刀剪出袖子的形状，用棒针的尖头压出袖子上的褶皱。用同样的方法做出另一只袖子。

11 把做好的袖子贴在肩膀上，再在抹胸顶端和底端各贴一条深绿色细长条黏土。

12 切一片宽度适合的黄色黏土薄片，将其围绕贴在肩膀、袖子的衔接处，用剪刀剪掉多余部分，用压痕刀调整接缝并做出袖口的褶皱弧度。用同样的方法做出另一袖口。

  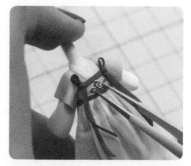

13 用镊子把切好的深绿色细长条黏土贴在胸部两侧，制作出抹胸的飘带，再用镊子调整飘带弧度，增加飘带的动态感。用镊子在抹胸上贴一片古风金属花片进行装饰。

  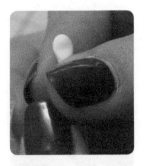 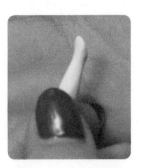

14 将肤色黏土搓成长条，用大拇指将前端压扁，制作出手掌雏形，再捏出手腕。

15 用剪刀剪出大拇指，用棒针的尖头调整指缝并消除剪痕，用剪刀从手腕处剪掉手掌并拼接在袖子上。

3.2.6 加入装饰

● 装饰元素分析

古风荷包是与服装相配的装饰物件，其整体颜色为与服装同色系的青黄色。

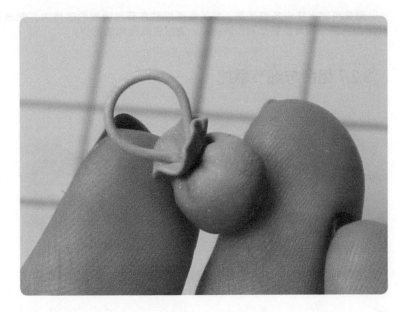

● 制作古风荷包

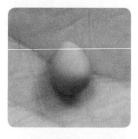

01 将青黄色黏土搓成一个胖水滴形，然后用棒针的尖头在胖水滴形的尖端压出收口的褶子，用压痕笔在胖水滴形尖端压一个凹槽，做出荷包的主体。

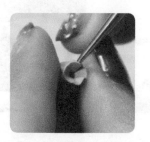

02 用压泥板把青黄色圆形黏土压成薄片，再用压痕笔把薄片粘在荷包主体的凹槽处，接着用棒针的尖头做出荷包的收口造型。

03 用黄色黏土搓一条细长条，将长条两端粘在荷包顶端的凹槽内，做出手绳。用镊子在荷包主体表面贴一片用白色黏土和黄色黏土制作的花片，完成古风荷包的制作。

3.2.7 组合与细节添加

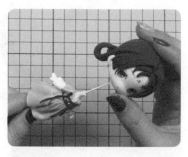

01 用抹刀调整黏土手办人物头部底部的孔洞，随后与插有铁丝的脖子组合在一起，同时把头部动作调整至与设想一致。

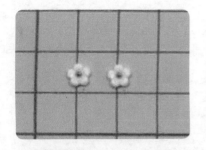
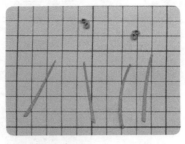

02 准备两片塑料花片、两个蝴蝶结和四条绿色黏土长条。

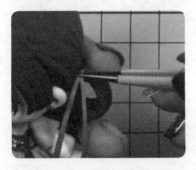
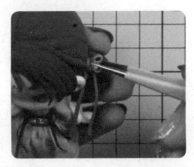

03 用镊子在人物两侧发髻上做出蝴蝶结发带，并在上面贴上塑料花片，做出发髻上的装饰。

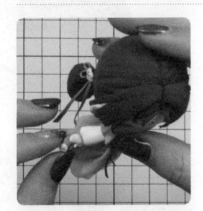

04 把做好的古风荷包挂在人物的右手手腕上，接着把整个手办固定在木质圆形底座上，完成本案例的 Q 版手办人物的制作。

第4章
3 头身的萌宝

4.1 魔法少女莉莉安

4.1.1 头身比与人物姿态分析

● 头身比分析

本案例捏制的 Q 版手办人物为 3 头身，其特征是人物的头部、上半身与腿部长度之间的比例为
1:1:1，身体各部分长度较为均衡。用此头身比制作的 Q 版手办人物通常为少年时期的 Q 版人物。

1 头长

1 头长

1 头长

● 人物姿态分析

本案例捏制的是一个叫莉莉
安的魔法少女。莉莉安头戴
皇冠，一手拿着小丑盾牌，
一手向身后探去，且右腿微
微弯曲，还有长长的耳朵。

4.1.2 案例制作提示

为表现该人物拥有魔法能
力，设计了异化的耳朵

烘托神秘气氛的带有十字
形装饰物的皇冠能够丰富
该人物的形象

符合人物特征的小丑盾牌

4.1.3 制作头部

● 头部造型分析

本案例制作的 Q 版手
办人物拥有火焰般的眼
睛、异化后长尖的耳朵
等五官特征，还有一头
黑色长发。这些元素让
人物在俏皮中略带一丝
神秘气质。

● **画脸**

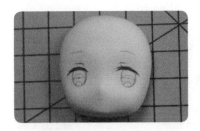
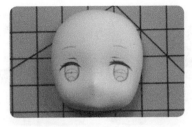
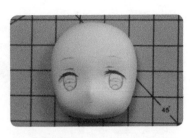

01 用熟褐色丙烯颜料在准备好的脸型上勾出眉、眼、嘴的线稿。

02 用钛白色丙烯颜料加水稀释后画出眼白。

03 用丙烯颜料的马斯黑色和钛白色调出灰色，涂在上眼睑下方，作为眼白的阴影。

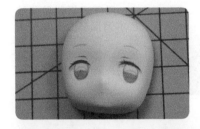
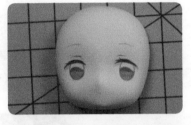
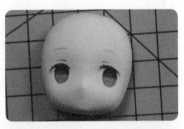

04 用丙烯颜料的土黄色和深红色调出橙色，画出眼珠下半部分的浅色区。

05 用深红色丙烯颜料加水稀释后画在眼珠浅色区上方，过渡眼珠的颜色。

06 用丙烯颜料的马斯黑色和深红色调出更深的红色，涂在眼珠空白区，画出眼珠的深色区。

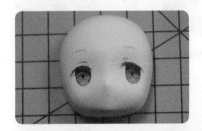

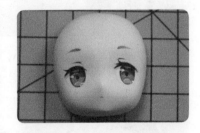

07 用肉色丙烯颜料画出眼睛底端的反光。用马斯黑色丙烯颜料画出瞳孔。

08 用步骤 06 调出的颜色，画出嘴，加深眼珠轮廓及上眼睑、睫毛、双眼皮。

09 用钛白色丙烯颜料点出眼睛部分的高光。用步骤 06 调出的颜色完善眉毛，并画出腮红。

10 用刷子依次蘸取橘色和橙色色粉混合出橘粉色后为人物脸部上妆，增强五官的立体感。

● 制作头发和耳朵

11 用黑色黏土做出后脑勺，注意，黑色黏土前端要包住额头。

12 用压泥板斜着将肤色水滴形黏土压成一端薄、一端厚的片，作为耳朵。接着用勺形工具的尖头沿耳中压出凹痕。

13 用剪刀修剪耳朵的形状和大小，然后将其贴在耳朵的位置，用同样的方法做出另一只耳朵。再用刷子给耳朵尖部刷上粉色色粉。

14 用压泥板压出黑色水滴形薄片，作为刘海儿。注意，发梢部分要薄。用剪刀把发梢一端剪齐，接着在蛋形辅助器上，用压痕刀划出头发纹理，用剪刀修剪出部分分叉。

15 用压泥板斜着将黑色黏土压成中间厚、边缘薄且有一定厚度的黏土片，作为头发。划出头发纹理后用剪刀剪出分叉、剪齐发尾，用相同的方法制作两片发片。将刘海儿贴上后，将发片往内弯曲后贴在两鬓上。

16 用相同的方法做出发片衔接在两鬓位置的头发后面，贴出中分发型，随后用勺形工具压出头发纹理，用眉刀切掉多余部分从而露出耳朵。

17 用压泥板的边缘在黑色长条形发片上压出头发纹理，用剪刀适当剪出分叉并修齐发尾，调整长条形发片的动态弧度后将其贴在耳朵后面。

18 用相同的方法做出适量长条形发片，依次粘贴在后脑勺上。

小提示：需把发根部分修尖，粘贴时将发尾向内凹，做出造型，调整发片动态。

19 如上图，把后脑勺部分的头发全部贴出，并用剪刀修剪发根部分。注意，保持后脑勺发片整体厚度的一致性。

4.1.4 制作身体

● 身体姿势分析

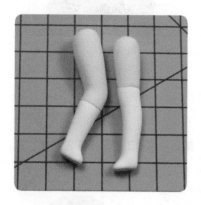
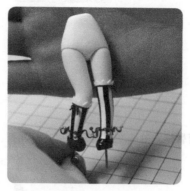

本案例制作的人物右腿弯曲，双腿采用拼接组合的方式制作出穿长短袜的效果。该效果是制作双腿部分的重点内容。

● 制作双腿

双腿制作要点

本案例中，给人物设计的服装是高腰蓬蓬短裙搭配长短袜，因此在制作双腿阶段，要把长短袜元素考虑进去。需要制作粗细基本一致且姿势不同的两条腿，采用拼接组合的方式做出腿部穿有长短袜的效果。另外，拼接腿部时要注意"截肢"后拼接的地方的粗细要尽量一致。

右腿

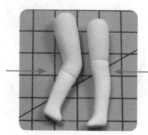
右腿　左腿

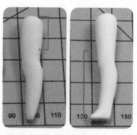
左腿

01 用肤色黏土制作两条弯曲的腿。把肤色黏土搓成锥形长条，接着用手指捏住长条中间并搓出膝关节，用食指与大拇指向膝关节方向使劲推，把腿部姿势调整成弯腿姿势。

02 用白色黏土制作一条直直的腿。将白色黏土搓成锥形长条，用手指在长条尖端抵出脚底并捏出脚，再搓出脚踝。注意，因这条腿只保留部分小腿，所以不用做出大、小腿的形态。

03 按照步骤 02 的方法，用白色黏土做出另一条直直的腿。注意，这条腿需用到膝关节以上的部分，所以需要做出大、小腿的形态。

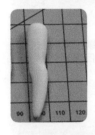
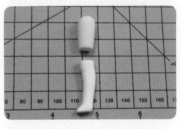

04 先组合人物的左腿。拿出用肤色黏土和白色黏土制作的左腿，根据长短袜样式，用剪刀分别剪去多余部分，然后用丸棒调整衔接面的大小，让腿部衔接面大小尽量保持一致。

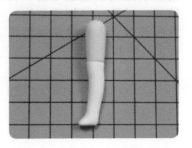

05 把两段腿部接在一起，用抹刀把接口调整整齐。

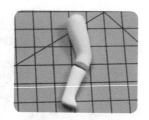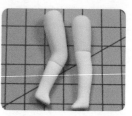

06 用与制作左腿相同的方法组合做出人物的右腿。至此穿有长短袜的腿部制作完成。

● 制作上半身

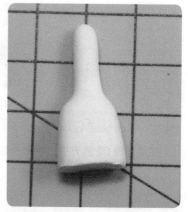

07 将适量肤色黏土搓成水滴形并压扁，用食指和大拇指合力把黏土尖端搓成脖子形状；继续用双指捏住上半身左右两侧并向内挤压，调整出上半身的曲线，随后用剪刀剪去多余部分。注意，身体的四面转折部分要圆润一些。

4.1.5 制作服装

● 服装款式分析

本案例给 Q 版手办人物设计的服装是高腰蓬蓬短裙、长短袜，以及一些细节装饰。这些元素让人物整体造型既可爱又精致。

● 制作长短袜与鞋子

 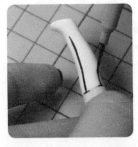  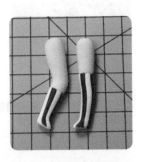

01 用面相笔蘸取马斯黑色丙烯颜料在长短袜顶端标注出竖条纹的涂色分区，接着画出长短袜上的竖条纹装饰。

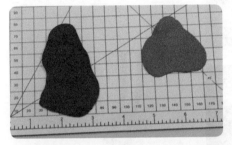  

02 分别将黑色黏土和深红色黏土擀成薄片，备用。

03 拿出黑色黏土薄片，以脚踝粗细为标准，选取合适的切圆工具切出圆形，用眉刀沿圆形直径切出一个"U"形，把凹槽一端贴在左脚脚背作为鞋面。

04 把"U"形薄片向后包，包住脚掌，让薄片的接缝位于脚后跟的中线位置。在脚底贴上黑色黏土作为鞋底，完成黑色鞋子的制作。

05 用与制作黑色鞋子相同的方法，做出深红色鞋子。

 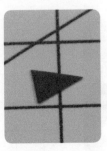   

06 在深红色薄片上用眉刀切出长三角形薄片，在长三角形薄片的短边上用与脚踝相同粗细的切圆工具切出一个凹口，然后用手弯折出上面第五幅图片所示的造型，用作鞋子上的装饰。用同样的方法做出多个相同的装饰。

   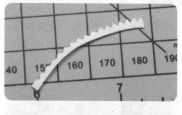

07 在左腿脚踝处贴一圈前面做好的长三角形装饰薄片。用同样的方法，做出右腿脚踝处的装饰。

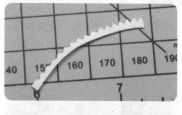  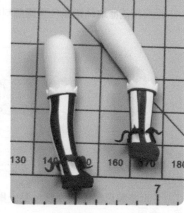

08 用笔刀在白色薄片上刻出锯齿状花边，将其贴在左腿长腿袜与腿的衔接处。用眉刀切出深红色黏土细条遮住衔接部位。用相同的方法做出右腿的装饰。

   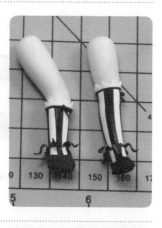

09 用深红色黏土细条在左腿侧面白色花边的底端做出蝴蝶结装饰，然后用极细款面相笔蘸取金色丙烯颜料勾画长三角形装饰薄片的边缘。用相同的方法做出右腿的装饰。

 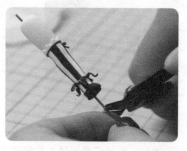 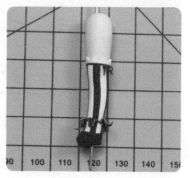

10 在双脚底插入准备好的铜丝，用钳子剪掉多余部分，用作腿部支架。

11 将金色树脂黏土搓出一些小圆形，用白乳胶将其固定在长三角形装饰薄片的顶端，增加腿部装饰的华丽感。

12 用刷子蘸取肉色色粉为膝关节上色，再给鞋子表面刷上水性亮油，做出皮鞋鞋面的光泽感。

● 制作高腰蓬蓬短裙

13 将白色黏土搓成胖水滴形，用来制作臀部。用大拇指指腹在胖水滴形圆端底部斜压出一个坡面，再用丸棒抵出与大腿部根的衔接面。

14 把做好的臀部与双腿拼接，用棒针尖头调整臀部形状，再把臀部顶端抵在垫板上压出平面，作为腰部。

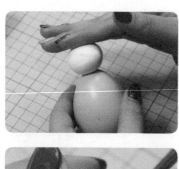

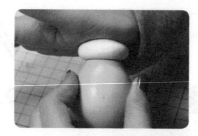

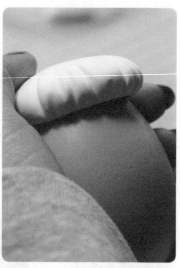

15 把白色圆形黏土放在蛋形辅助器顶部，用手掌把圆形黏土压成中间薄、边缘厚的片状黏土，用来做裙子，接着用棒针的尖头压出裙子边缘的褶皱。

16 用棒针的尖头压出裙子底部内侧的褶皱，然后把裙子盖在下半身的腰部位置，用手调整裙子的动态造型。

17 用长刀片在白色黏土薄片上切出细长条，用棒针的尖头和镊子共同折出细花边。

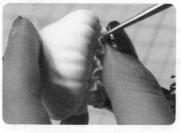

18 把做好的细花边贴在裙子底部边缘，用棒针的尖头调整花边造型，完成裙底花边装饰的制作。

● 制作上半身服饰

19 在黑色黏土薄片上切出"V"形领后,将其贴在身体正面下端,再用剪刀修剪多余的部分。

20 用拼接的方式分别在身体的两侧和背面贴上深红色黏土薄片,用剪刀裁去多余部分。

21 切两个小三角形白色黏土片,将其拼接后贴在衣服顶部,作为装饰领。

22 围绕脖子贴一圈白色黏土薄片,作为底层衣领。用剪刀在底层衣领上再贴一层白色黏土薄片,作为衣领的外层,用剪刀剪掉多余部分后完成衣领的制作。

23 做一个扁状的黑色小胖水滴形黏土,在小胖水滴形黏土的圆端用压痕刀往内切做出桃心,备用。用笔刀把切好的黑色黏土短小细条贴在衣领下方作为飘带,用镊子把做好的桃心贴在飘带上,做出飘带装饰。

24 把用小型切圆工具切出的两片褐色小圆片贴在衣襟位置,做出衣服上的纽扣装饰。

25 准备一片黑色矩形黏土薄片，用剪刀把薄片修剪成令箭样式的造型，用同样方法做出适量薄片。

26 把步骤 25 做好的薄片和用深红色矩形薄片制作的令箭样式的薄片围着腰部贴一圈，作为裙身装饰。

27 用普通款面相笔蘸取金色丙烯颜料，勾画裙身装饰薄片的边缘，增添裙子的华丽感。

28 先用水性亮油涂衣领处的桃心装饰，给桃心增添光泽；再把切出的褐色黏土细长条贴在腰部做出腰带，用剪刀剪掉多余部分，用抹刀抹平接缝；在腰带正前方贴一个用金属框和褐色黏土共同做出的带扣。

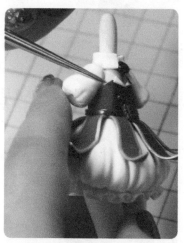

29 用白色黏土搓出的胖水滴形制作袖子。用棒针压出袖子上的褶皱和袖子底部与手臂衔接的凹面，将袖子贴在肩部后用棒针调整袖子造型。用相同的方法做出另一只袖子。

30 用压泥板压住白色黏土薄片，留出适量宽度的边缘，用抹刀在薄片边缘切出半圆形波浪，再用压痕笔在半圆形波浪内压出凹印，制作出波浪状花边。

31 用长刀片把做好的波浪状花边切下来，将其贴在肩膀与袖子的衔接处，做出肩部装饰。用相同的方法做出另一侧的肩部装饰。

● 制作双手

32 用大拇指将白色黏土条的前端压扁做出手部基础形，再用手指捏出手腕，用剪刀剪出大拇指和食指，用抹刀压出其余指缝的痕迹，完成右手臂的制作。

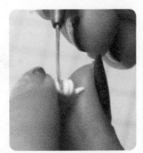
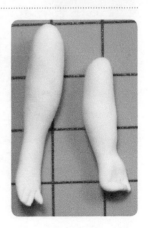

33 参考步骤 32 做出左手的手部基础形。先用食指指腹抵住手掌，再用棒针的尖头压住手掌上除大拇指外的其余四指的根部后向内压下，做出手掌微握的造型。随后用抹刀压出四指背面的指缝痕迹，调整手部动态。

34 用肤色黏土搓出细长条作为手臂，等长条晾干后插入包皮铁丝，并与前面做好的手部组装在一起。

35 用压泥板把黑色细长条黏土稍稍压扁，将其贴在手臂与手部的接缝处，作为装饰手环。再用压痕刀将手环压成类似南瓜的形状。

36 用普通款面相笔蘸取深红色丙烯颜料给装饰手环的凹印上色，再把手臂拼接在袖子上。

4.1.6 加入装饰与固定

● 装饰元素分析

皇冠和小丑盾牌等装饰配件，不仅给人物整体造型增添了神秘感，也使得人物形象更加丰满和精致。

● 制作皇冠

01 用黑色黏土先制作一块圆形扁状黏土当作皇冠底座，再准备 6 个用细长条制作的水滴状环形装饰，用镊子把环形装饰组合拼接在皇冠底座上。

02 准备黑色黏土薄片和深红色黏土薄片、金色丙烯颜料，按照制作人物脚踝处长三角形装饰薄片的方法，做出较大的长三角形装饰薄片。

03 在皇冠底座边缘用白乳胶依次粘上 3 片黑色、3 片深红色的长三角形装饰薄片。

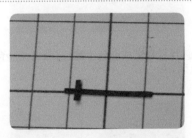

04 用黑色黏土做出黑桃和十字形小装饰，并将十字形小装饰粘贴在皇冠顶部中间位置，黑桃装饰放在一旁备用。随后在每个长三角形装饰薄片顶端粘上一个金色小圆形（制作方法参考脚踝处的装饰的制作方法）。

● 制作小丑盾牌

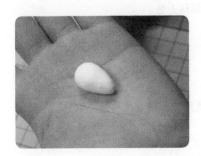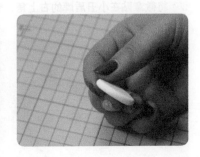

05 将白色黏土搓成胖水滴形，用压泥板将其压成约 3mm 厚的水滴形薄片。

06 把水滴形薄片放在蛋形辅助器上，用大拇指把薄片边缘压薄，再用剪刀把薄片边缘修剪平整，做出小丑盾牌的主体。

07 用丙烯颜料的金色、马斯黑色、深红色和蓝色画出小丑盾牌上的图案，再用金色树脂黏土细条在盾牌边缘包一圈。

  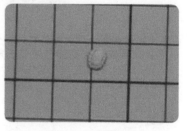

08 取少许金色树脂黏土用压泥板搓圆并压扁做成金色小圆片，接着给金色小圆片边缘包一条同色黏土细条，并用抹刀压出斜线纹路，做成徽章造型。

09 将徽章贴在小丑盾牌的右上角，随后用面相笔蘸取熟褐色和金色丙烯颜料上色。

10 在小丑盾牌顶部粘上带金色小圆形的长三角形装饰薄片。

● 整体装饰与固定

11 把做好的皇冠、黑桃装饰和小丑盾牌分别安装在人物的头部和手部。为保持手办人物整体造型装饰的统一，在裙子表面的每个装饰薄片顶端分别粘上一颗金色小圆形。

12 用爱心压花器在晾干的深红色黏土薄片上压出爱心，备用。

13 把组装好的手办人物固定在黑色亚克力圆形底座上，再用镊子把压出的爱心围绕底座贴一圈，装饰底座。

4.2 哥特女孩珐骷

4.2.1 头身比与人物姿态分析

● 头身比分析

此案例制作的 Q 版手办人物为 3 头身，头、上半身、腿部长度之间的比例为 1:1:1，人物动作是常见的站姿。

1 头长

1 头长

1 头长

● 人物姿态分析

本案例制作的 Q 版手办人物的手里抱着兔子玩偶，这体现出人物单纯、可爱的特质，而蜷缩的手部动态和流泪的表情则表现出人物胆小的性格。

4.2.2 案例制作提示

以黑色、白色为主色的哥特风服装

用骷髅元素制作的头绳

4.2.3 制作身体

● 身体姿势分析

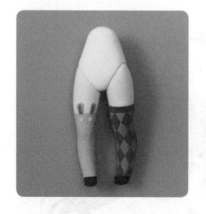

本案例中给人物设计的姿势是常见的站姿，因此只需做出身体的造型。由于人物双腿穿了长腿袜，双腿就需要采用拼接组合的方式制作，具体的制作方法和"魔法少女莉莉安"的制作双腿的方法大致相同。

● 制作双腿

01 把用红色黏土和白色黏土混合出的粉色黏土搓成一个锥形长条，用手指侧面把长条中间稍稍搓细，在搓细的位置微微弯曲黏土条做出膝关节，用两指将膝关节下方捏窄一点。

   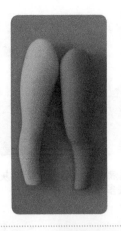 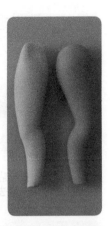

02 用手向外弯曲黏土条做出小腿曲线，再用羊角工具塑造膝关节特征，在膝关节往下 2cm 的位置用剪刀把脚踝剪平，接着做出另一条用灰色黏土制作的腿。注意，两条腿的长度、粗细要一致。

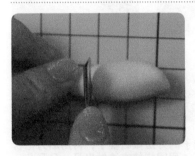  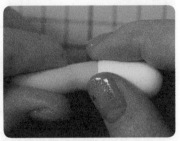

03 腿干后，在粉色腿的膝关节往上 1cm 处用眉刀切去大腿，然后将肤色黏土搓成椭圆形并粘在粉色腿的切面上，用指腹抹平接缝并把大腿根部向内收。

04 用剪刀斜着剪出大腿根部内侧的斜切面，这样穿着粉色腿袜的腿就做好了。接着用同样的方法做出穿着灰色腿袜的腿。

  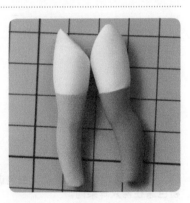

● 添加腿部装饰

05 给灰色腿袜添加细节。用眉刀在深灰色黏土薄片上切出菱形，用抹刀将其一排排地贴在灰色腿袜上，用剪刀修剪多余部分。

06 在灰色腿袜上贴满菱形装饰后，用深灰色黏土长条遮住腿袜与大腿的接缝，用剪刀剪去多余的长条。

  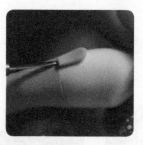 

07 给穿着粉色腿袜的腿添加细节。用第3章"万圣夜惊魂"案例中做鞋子的方法做出鞋子，再用眉刀把粉色水滴形薄片切成合适长度，用抹刀将其贴在粉色腿袜接缝处，作为兔耳，用同样的方法做出另一只耳朵。将一个浅黄色黏土圆片贴在耳朵下方，用棒针的尖头戳洞做出眼睛，用同样的方法做出另一只眼睛。

08 用丙烯颜料的深红色和钛白色调出深粉色，用普通款面相笔蘸取深粉色涂在两只耳朵内。

● 制作臀部

 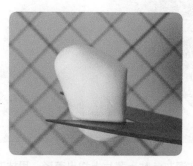 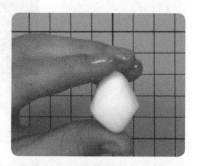

09 将白色黏土搓成胖水滴形，把粗圆的一头剪出一个角，形成菱形，留出裆部位置，做出胯部。

10 将右腿衔接在臀部上，再用羊角工具把臀部多余黏土向上收，用相同的方法
衔接另一条腿。然后将下半身放在一旁稍微晾干。

11 在双腿上插入铜丝。

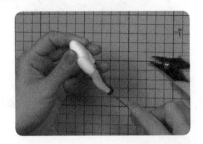
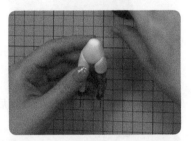

4.2.4 制作服装

● 服装款式分析

本案例中，人物所穿的服装整体风格偏向哥特
风。上半身衣服贴身，下半身裙子是比较宽大
的蓬蓬裙，并且衣襟、袖口、裙身以及裙摆都
用了花边进行装饰。

● 服装制作

01 拿出蛋形辅助器，再用擀泥杖
把黑色黏土擀成薄片备用。

02 把擀好的黑色黏土片包在蛋形辅助器上，把两边捏紧后用剪刀剪掉多余部分。

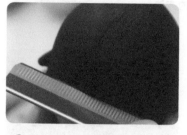 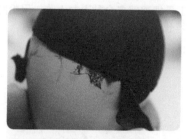 

03 等黏土片在蛋形辅助器上干透后，用眉刀把薄片底端切割整齐，撕掉多余黏土，做出半圆形裙片。

04 用眉刀切开，把半圆形裙片从蛋形辅助器上轻轻取下来。

   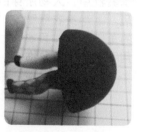

05 拿出前面做好的下半身，在裆部往上 2cm 处用眉刀切掉多余胯部，然后在胯部切面和裙片切口上涂白乳胶，将裙片正中间对准胯部粘牢。注意，需将裙子接缝对准身体侧面。

 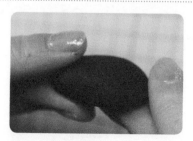 

06 将黑色黏土搓成胖水滴形并稍稍压扁，用它来制作人物的上半身，用手把胖水滴形黏土宽的一头捏扁一点，做出身体的弧度，然后用剪刀剪平，便于与胯部衔接。

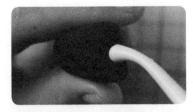

07 用手把上半身上其余地方收窄、抹平，在顶部中间用圆头工具按出凹槽，然后在顶部往下 2cm 处用剪刀剪掉多余黏土，做出一个倒梯形的上半身，将其粘在裙子的正中间位置。

08 在一条宽 5mm 左右的白色黏土条上先用棒针的尖头挑起一小块，用手指将挑起部分的上方压扁，重复此操作做出一条花边。

09 弯曲长刀片将花边切齐整，用抹刀在裙子侧边涂上白乳胶，将做好的花边贴在涂有白乳胶的地方，用剪刀剪去多余花边。用相同的方法在裙子上贴出另外 3 条花边，粘贴效果如右图所示。

小提示：在裙子上贴花边，既可以装饰裙子，也可以遮住裙子的接缝。

10 用相同的方法在裙子底端边缘贴上两层花边，作为裙边装饰。

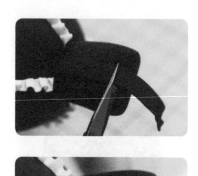
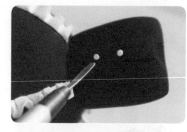

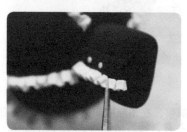

11 在上半身正前方贴一片黑色黏土薄片，用剪刀剪去多余部分。用抹刀在薄片上贴两个白色小圆片，接着在薄片两边贴上花边装饰，随后用剪刀斜着剪掉多余花边。注意，花边贴至薄片的2/3处即可。

12 用切圆工具在白色黏土薄片上切一个圆片，然后把圆片贴在身体顶端，用圆头工具在顶端压出凹槽。

13 搓一条肤色黏土长条，用剪刀斜着裁剪后将其固定在身体顶端的凹槽里，做出脖子。

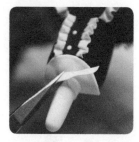

14 在脖子上贴一片白色黏土薄片并用剪刀剪出"V"形领口，接着用黑色黏土薄片做出一个蝴蝶结。

15 完善蝴蝶结细节。用眉刀切两片黑色三角形黏土薄片，扭出造型晾干后贴在后腰上，用抹刀在上面粘上事先做好的蝴蝶结。

16 用剪刀把脖子剪至合适长度，再插入一根铜丝，便于后期与头部衔接，用钳子剪掉铜丝多余部分。

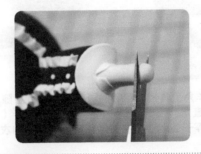 

17 将黑色黏土搓成水滴形，把水滴形黏土的尖端和尖端侧面剪平后贴于肩膀处作为衣袖，再用羊角工具压出衣袖上的褶皱。

18 用黑色黏土搓一个锥形长条，用手指侧面把长条分成粗、细两段，接着用擀泥杖把粗的一段擀成薄片，用它来制作人物衣袖下半部分呈喇叭状的袖子。

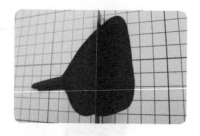  

19 用长刀片把薄片部分切成合适长度，再用手把薄片围成空心锥形，用长刀片和剪刀修剪造型，做出喇叭状的袖子。

20 从薄片的起始处弯曲袖口，用羊角工具挤出褶皱的同时保留袖口空隙。接着从袖口弯曲点向手臂方向推2cm定出手肘位置，并把手肘弯成直角，再根据上臂长度剪去多余袖子（袖子保留长度加上肩膀处已固定的衣袖的长度，即整个上臂的长度，等于2cm），将袖子固定在肩膀处的衣袖底端。用同样的方法做出另一只袖子。

4.2.5 加入装饰

● 装饰元素分析

为强化人物整体的可爱特征，用兔耳元素装饰了人物的腿袜。为了与腿袜上的装饰元素相呼应，就给人物设计了一个把兔子玩偶抱在手上的动作。

● 制作兔子玩偶

   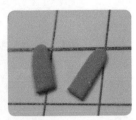

01 用手指把用黑色黏土、白色黏土和棕色黏土混出的灰棕色黏土挤成圆鼓鼓的方形，作为兔头。

02 用眉刀在灰棕色黏土片上切出 2 片薄片，作为兔耳朵。

  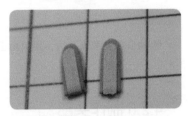

03 用压泥板把用红色黏土和白色黏土混出的粉色黏土搓成条并压扁，接着把粉色黏土薄片放在灰棕色兔耳朵中间，用压泥板压紧，制作出外灰棕内粉的兔耳朵。用相同的方法做出另一只兔耳朵。注意，粉色薄片要薄于灰棕色薄片。

04 把做出的一对兔耳朵贴在兔头顶部并分别弯曲成不同的造型。

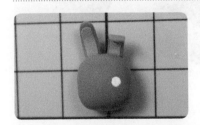  

05 用钛白色和马斯黑色丙烯颜料，在兔子脸部画出表情，再放在一旁晾干。

06 将灰棕色黏土搓成水滴形并稍稍压扁，然后贴在袖子上，作为兔腿。用同样的方法做出另一条兔腿。再把兔头贴上去，这样抱着的兔子玩偶就制作完成啦。

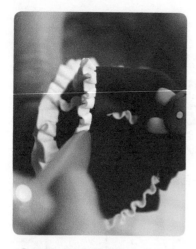  

07 给袖口加上装饰花边，用羊角工具调整接缝，让服装统一。

4.2.6 制作头部

● 头部造型分析

大波浪双马尾造型配上齐刘海儿，让人物显得十分乖巧，能增加人物的软萌气质。

● 画脸

01 根据眼窝大小确定出眼头、眼尾、眼顶和眼底，接着将这四定点用弧线连接，再画出眼睛，加粗上眼线，画出睫毛、双眼皮、眉毛和嘴巴等部位，画出眼角的泪珠。

02 用马斯黑色丙烯颜料勾画眼珠的轮廓线、上眼线和睫毛。

03 用丙烯颜料的酞青蓝色和钛白色调出的浅蓝色涂出眼珠下半部分。

04 用丙烯颜料的酞青蓝色画出眼珠上半部分的深色和瞳孔。

05 用丙烯颜料的浅蓝色和酞青蓝色调色，涂在眼珠深色和浅色的衔接处进行过渡。

06 用丙烯颜料的绿色、蓝色和大量钛白色调色，涂在眼底并向上过渡。

07 用丙烯颜料的酞青蓝色、青莲色和钛白色调色，绘制上眼睑处反光。

08 用步骤 06 调出的颜色添加眼珠上的细节。

09 用钛白色丙烯颜料画出眼白和高光。

10 用丙烯颜料的酞青蓝色和钛白色调出浅蓝色，涂出泪珠。

11 用钛白色丙烯颜料点出泪珠上的高光，用浅蓝色丙烯颜料叠加在眼头并描出双眼皮，用马斯黑色丙烯颜料加深眉毛和嘴巴。

12 用刷子蘸取粉色眼影粉扫出腮红，用普通款面相笔蘸取红棕色眼影粉画出双眼皮和眉毛的阴影。

• 制作头发和耳朵

13 准备画好的脸和一个黑色圆形黏土。用剪刀把圆形黏土的任意一面剪成平面并粘在脸后，然后用手把黏土向前推，从而让其包裹脸型边缘，做出后脑勺。

   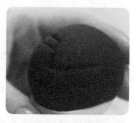

14 先用压痕刀压出后脑勺的中线，用圆规定出马尾定点，然后用羊角工具从定出的马尾定点出发由重到轻地划出头发纹理。

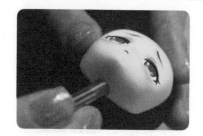 

15 选择与脖子相同粗细的切圆工具，在头部底部挖洞。

16 用与案例"万圣夜惊魂"中相同的制作人物耳朵的方法，给本案例中的人物做出耳朵，并粘在相应位置。

17 用黑色黏土做一片两头细、中间粗的月牙形薄片，作为刘海儿发片。把发片放在蛋形辅助器上用压痕刀划出头发纹理，用剪刀修剪造型后将其贴在额头上。

18 搓出一个棱形长条，用压泥板斜着将长条压成带弧面的发片。用剪刀把发片剪出分叉并压出头发纹理后，将其贴在步骤 17 贴好的发片上面作为侧刘海儿，用剪刀把发片顶端剪尖。

19 参考 1.3.4 小节里胖水滴形发片的制作方法，做出齐刘海儿发片。

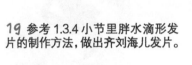

20 利用羊角工具和棒针把做好的齐刘海儿发片贴在额头中间，然后做出贴在额头右侧的侧刘海儿。

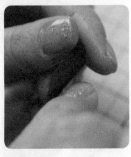

21 做一个长条形发片用剪刀修剪发尾，然后用手把长条形发片扭成螺旋状。接着把卷曲的发片放在蛋形辅助器上用羊角工具压出头发纹理，取下发片，用手调整发片造型。

22 做出一个一头粗、一头细的长条形发片，弯曲发片后用剪刀把尾部剪尖，再与上一步做好的卷发衔接在一起，做出马尾发束。

23 用同样的方法做出卷发发片，将其添加在马尾发束上。

小提示：发片的螺旋方向不要重复。

24 用同样的方法制作出细发丝，并用手和剪刀调整形状，给马尾发束添加碎发。注意，发丝的走向要与主发片保持一致。

25 添加完碎发后，用眉刀将马尾发束的根部切齐，将其贴在头上。

26 用黑色黏土搓一个梭形作为短小的碎发，用羊角工具在马尾发束的捆扎处加上短小的碎发，接着用同样的方法做出头部另一边的马尾发束。

4.2.7 装饰与固定

01 搓一条一头尖尖的黑色黏土细条，将其贴在刘海儿顶端并向下弯曲，用抹刀在马尾发束的捆扎处加上骷髅元素的发饰（制作方法可以参考 3.1.5 小节）。

02 把人物腿部的铜丝放在准备好的底座上，用中性笔标出要安装的位置，用微型电钻打孔后将铜丝穿进底座即可。至此，哥特女孩珐骷就制作完成啦。

第5章

Q版动漫化的黏土手办

5.1 真人动漫 Q 版化 牛顿

5.1.1 人物特征分析

本案例制作的 Q 版牛顿形象的创作构思来源于一句网络流行语"牛顿的棺材板压不住了。"这句流行语的出现，是因为动漫里经常出现"反重力裙子"等违反物理定律的事物。被大家调侃的这句话让我觉得很有画面感，于是就制作了 Q 版牛顿这个作品。

制作 Q 版牛顿前，我观察到牛顿真人的特征有：浓密的黄色大卷发和具有时代特征的传统服饰。具体制作时，就可以在这些特征上进行修饰与变化。

5.1.2 Q 版形象的优化方法

制作 Q 版手办时应该避免一些复杂的东西，将元素简化。Q 版牛顿为 2 头身，头部长度与身体长度比例大约为 1:1。一般我习惯把 Q 版手办人物的身材做得比较圆润，因为肉肉的会显得更有质感，也能让 Q 版手办人物拥有软萌的气质。

5.1.3 制作头部

● 头部造型分析

根据真人的发型，给 Q 版牛顿设计了黄色中分大卷发和偏向小孩子的五官比例。正常比例人物的眼睛大概在脸的一半处；而小孩子的眼睛则在这个位置以下，且眼睛要大。相应地，需把其他五官缩小，把面部线条圆润化。

● 画脸

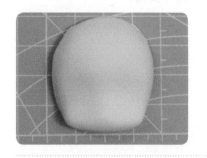

01 用肤色黏土在脸型模具里脱模制作出一个脸型，等脸型干后用铅笔在脸型的 1/2 偏下处，定 4 个点，确定出上眼线的位置，并简单勾画出眼睛、眉毛、嘴巴。

02 用马斯黑色丙烯颜料勾画出人物眼睛、眉毛、嘴巴的轮廓。

03 用丙烯颜料的橙色和熟褐色调出棕色，平涂出眼珠与眉毛。

04 用丙烯颜料的钛白色平涂出眼睛的高光，再用佩恩灰色给高光勾边。

● 制作头发

05 用切圆工具在脸型底部压出痕迹，接着用弯头剪刀沿着痕迹剪出脖洞。

06 用橙色黏土和一点黑色黏土混合出暗橙色黏土，用该黏土制作后脑勺和头发。将适量暗橙色黏土搓成圆形后粘在脸型背后，用手将黏土调成后脑勺的形状。

07 参照 1.3.4 小节中叶形发片的制作方法，用暗橙色黏土做出两片刘海儿发片。

08 把做出的刘海儿发片贴在额头两侧，用弯头剪刀修剪发根的形状，做成中分的发型。

 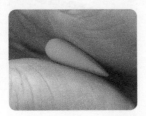  

09 将适量暗橙色黏土用手掌搓成胖水滴形，并用手掌稍稍压扁（保留一定厚度），接着用手指把尖端捏尖，做出后脑勺底部的发片。

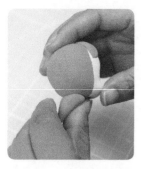 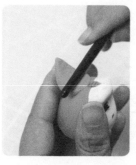 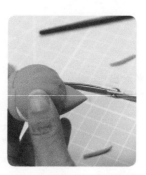 

10 挖一个脖洞后，把发片横着贴在脖子正后方（为身体留出位置），用棒针的圆头将发片根部朝脖洞方向碾平，再把发尖向下弯曲做出发片的弧度。如觉得发片过大可用弯头剪刀修剪。

11 做出两片中间厚、两边薄的水滴形发片，将其贴在脖子正后方发片的两侧，用手调整发尖的弯曲程度。后脑勺部位的头发制作完成。

12 制作胖水滴形发片，将其放在头顶确认长度是否合适。然后取下发片，用弯头剪刀剪出头发分叉，用压痕刀压出头发纹理。

13 用弯头剪刀剪出发片边缘的弧度，然后用手做出发片造型，用弯头剪刀把发片顶部多余部分剪掉后将其贴在头顶中间。

14 用手掌把水滴形发片的两边压薄，做出边缘薄、中间厚的发片，再用弯头剪刀从发片中间剪出分叉，用手指调整发尾的动态并将分叉捏拢。

15 用与步骤 14 相同的方法做出大小不同的发片，按照中分发型的头发走向，在头顶依次贴上一层发片，并用弯头剪刀修剪发根。

16 贴第二层发片。用同样的方法制作发片，从头顶中间开始在左右两边同步地贴上发片，注意发片别贴得太死板。

17 制作头部两侧的头发。制作一些宽一点的发片将其贴在头部两侧，根据发片长短用弯头剪刀剪掉多余部分，接着用压痕刀压出头顶发线，用棒针的尖头压出头发纹理。

18 将适量暗橙色黏土做成上面第一幅图所示的片状，把黏土片宽的一头放在手指上弯折90°，再用弯头剪刀斜着剪出发根形状（呈三角形），做出头部的大发片。

19 把做好的大发片贴在前额，用弯头剪刀修剪发片形状，用手指把发片边缘捏出棱边，接着用手指朝相反方向将发片扭成波浪形。

20 用弯头剪刀修剪过长的发尾，再用压痕刀整理头顶大发片的形状。

21 做出适量边缘薄、中间厚的长发片，将其分别贴在头部两侧大发片的后面，遮住大发片与两侧发片之间的缝隙。

22 做一些更细的长条形发片,将其贴在前额刘海儿处并用抹刀调整造型。这样做既可以填补前额空白的地方,又可以丰富发型。

23 做出月牙形发片,将其贴在前额处作为前额的头发,完善整体发型。做头发时,注意发片的宽窄搭配和头发走向。

5.1.4 制作身体

● 身体姿势分析

Q 版牛顿的身体姿势是一种趴在某个东西上的姿势。所以,制作时要做出双膝跪地的腿部造型和身体向前倾的上半身曲线。

● 身体制作

01 用红色黏土和蓝色黏土混合成深红色黏土,用压泥板搓成一个长约3cm的一头粗一头细的锥形长条。随后用手把长条细的一头折90°做出小腿,把粗的一头稍微弯折做出臀部,用棒针调整腿的形状。

02 用弯头剪刀把小腿末端剪掉，将搓好的肤色圆形黏土粘在切口处并用手指搓成小腿形状，再用弯头剪刀修剪腿的形状。

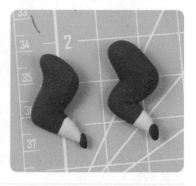

03 用压痕笔在棕色椭圆形黏土片的一侧压出坑后将其贴在小腿上，接着用棒针压出膝关节处的褶皱。用相同的方法做出另一条腿。

04 在任意一条腿的内侧涂上白乳胶，将双腿组合拼接后用剪刀剪掉臀部多余的部分，再把臀部形状修剪对称。

05 将适量肤色黏土搓成胖水滴形粘在臀部切面上，将接口完全贴合后慢慢将上半身向上拉长，调整上半身的粗细，再把上半身向后弯曲，做出趴在某个东西上的身体的弧度。

  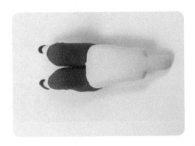

06 用弯头剪刀剪出脖子并修剪肩部，用手微调身体形状后将其放在一旁晾 2 小时，待其晾干。

5.1.5 制作服装

● 服装款式分析

在本案例中，给 Q 版牛顿设计了立领大衣加长筒袜、束脚马裤的服装。内穿的衬衣有褶皱、抽褶等元素，大衣衣襟有闪亮的金色铆钉装饰，大衣后摆中部位置有开衩设计。

● 服装制作

01 用深红色黏土薄片制作人物的大衣衣片。用长刀片在薄片上切出一条直边后，用眉刀在直边中线位置切出三角形缺口作为大衣后摆的开衩。

02 将衣片贴在背上后用棒针在脖子处做标记，接着把衣片放回垫板，弯曲长刀片切出上图所示的形状。

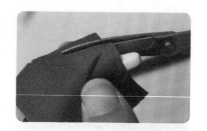

03 把衣片贴在身体背面后将两侧衣片往身体正面包，然后用棒针划出衣领形状的痕迹，用弯头剪刀沿着痕迹剪去多余衣片。

04 用棒针将大衣后摆压进膝关节弯折处，接着用手调出衣摆褶皱，让大衣有垂坠的效果。

05 把非常薄的肤色黏土薄片的一端折出褶皱，用弯头剪刀修剪成三角形的领巾，并剪齐，将其贴在脖子上。

06 用3mm波浪锯齿花边剪剪出一条肤色黏土花边，将其贴在衬衣与裤子的接缝处。再在衬衣正中间贴一条用小型切圆工具压出了圆形的肤色黏土片，用弯头剪刀修剪多余部分，把棒针的尖头伸进大衣里，压出衬衣左右两边的褶皱。

07 切出长度、宽度合适的条形肤色黏土片，将其围绕脖子贴一圈做出衣领，剪掉多余部分后用抹刀将领口翻折。

  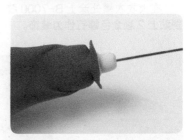

08 用不同大小的切圆工具在深红色黏土薄片上切出圆环薄片，接着用眉刀在圆环薄片上切出与大衣领口大小相同的开口，用弯头剪刀修剪边缘后将其与大衣领口贴合，再修剪出大衣衣领的形状。

09 用抹刀在大衣背后腰部位置贴一片用深红色黏土片制作的椭圆形薄片，再用小型切圆工具在薄片上压出扣子的形状。

10 将适量深红色黏土用压泥板搓成条，用手把黏土条弯折 90°并调整形状，制作出手臂。

11 在手臂的长边侧面顶部涂一层白乳胶，将其粘在肩膀上，接着用剪刀在手臂的短边顶部剪出袖口。用相同的方法做出另一只手臂并将其粘在肩膀上。

12 在大衣衣襟处涂上 B-7000 胶水，用中性笔吸住金色铆钉将其贴在衣襟上。用同样的方法在衣襟两边分别贴上 2 颗金色铆钉作为装饰。

13 在深红色黏土片上用眉刀切出两片带有长尖角的衣片，然后在衣片边缘涂一层白乳胶后将其粘在衣襟处，用剪刀斜着剪出领口，制作出人物胸前的大衣衣领。

14 在袖口绕一圈深红色黏土片作为衣袖，用剪刀斜着剪去多余部分，并在衣袖接缝处剪出三角形缺口，用同样的方法做出另一侧衣袖。再在两只衣袖向上的一面各粘上 1 颗金色铆钉。

15 用普通款面相笔在小腿接缝处刷一点水，把搓好的深红色黏土细条贴在接缝处，增加裤腿细节。

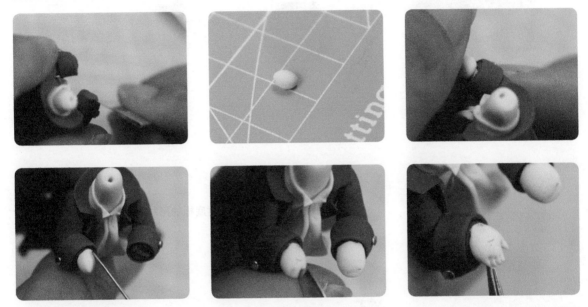

16 用眉刀将凸出的手臂削平，再把用肤色黏土搓成的圆形黏土贴在袖口作为手，接着用抹刀抹平接口并压出指缝，用剪刀剪出手指。

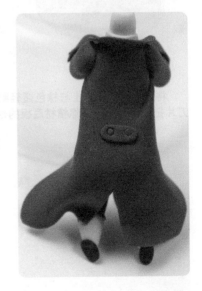

17 衣服制作完成，将其放在一旁等待晾干。

5.1.6 加入装饰并组合固定

● 装饰造型分析

丰富 Q 版牛顿形象的装饰元素当然少不了创作该形象的灵感——棺材以及让他发现万有引力的苹果。另外，为体现 Q 版手办人物内心的潜台词，还增加了写有文字内容的木架展示牌和小石头等装饰元素。

● 制作迷你棺材

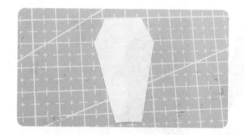

01 先将纸片剪成迷你棺材底板的形状。

02 将用黑色树脂黏土与棕色超轻黏土均匀混合出的黏土擀成厚度比衣服稍厚的片状。按照纸片形状用长刀片把黏土片切成迷你棺材底板的形状。

 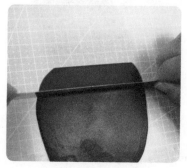

03 将人物放在垫板上，用圆规测出手掌到垫板的距离。用长刀片在用混色黏土擀制的薄片上切出相同宽度的黏土片，随后放在一旁晾 3 小时。

04 将切好的黏土片比着迷你棺材底板各边长，用眉刀切出与各边长一一对应的矩形黏土片。

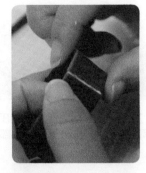

05 在各矩形黏土片边缘涂白乳胶，将其立着粘在迷你棺材底板的各边上，拼成一个立体的迷你棺材。

06 把切出的黏土细条贴在各边衔接的缝隙里，用弯头剪刀剪去多余部分，用棒针抹平接缝，填补迷你棺材各面之间的缝隙。

07 将迷你棺材倒扣在与棺材底板同色且同厚度的黏土片上，用长刀片沿着边缘切出棺材盖，随后放在一边晾干。

08 拿出金色美甲贴，用抹刀把美甲贴贴在迷你棺材的棺材盖上。把多余的美甲贴剪掉即可。

● 制作苹果

09 将红色黏土搓成圆形，用丸棒在圆形的任意一端压出一个圆坑作为苹果的顶面。再用手把与圆坑对应的另一端收窄一点并调整成苹果的形状，做出苹果的底部。

10 用棒针的圆头在苹果底部压出圆坑，再用棒针的尖头在苹果顶面戳一个洞用来放苹果把儿。

11 用红色丙烯颜料在苹果表面刷一层颜色，再在苹果顶面的洞里挤入白乳胶，捏一根棕色黏土条，插进去作为苹果把儿，用弯头剪刀剪去多余部分。

12 用弯头剪刀在绿色黏土团上剪出叶形黏土，将其放在手指上，用手指压成中间厚、两边薄的形状，然后贴在苹果把儿上。

● 制作其他装饰和组装

13 把晾干的头部和身体组合起来，再用刷子先后蘸取红色色粉与肤色色粉刷在脸颊与额头上，美化人物。

14 将绿色黏土捏成周围薄、中间厚的黏土片，并在黏土片上戳出草坪的肌理。做两朵黏土小花，并将小花粘在草坪上。

15 用灰色黏土和少量白色黏土揉成小石头，注意黏土不要揉得太过均匀，留下自然的石头纹理。

16 准备小木片，用胶固定做成木架展示牌，并写上文字。

17 把准备好的人物、草坪和其他装饰物件组合在一起，拼出场景画面。

5.2 植物拟人Q版手办 鲁普拉精灵

5.2.1 拟人思路分析

这里讲的拟人，就是通过拟人手法，将自然事物做成一个具体的人物形象，而这个人物形象的整体造型与装饰要与拟人对象有所关联。本案例以植物"鲁普拉精灵"（空气凤梨）为拟人对象，所以可以把"鲁普拉精灵"本身的颜色和枝叶造型作为人物的服装颜色和装饰元素。

5.2.2 拟人对象在 Q 版手办中的体现

制作拟人 Q 版手办形象时，可以把"鲁普拉精灵"这个植物的各方面都融入人物形象。

在人物配色上：以蓝紫色、绿色为主色，用黄色点缀。

在整体的造型装饰上：用小绿叶点缀帽子，在领口、袖口上绘有植物装饰花纹，以及手中握着的小枝叶。这些都能提示我们这个 Q 版手办是采用植物拟人的方法创作的。

5.2.3 制作下半身

● 下半身姿势分析

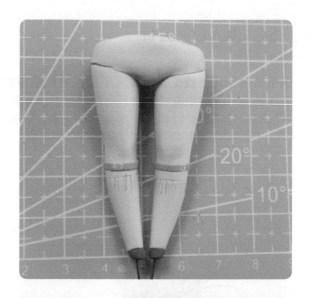

此处制作的拟人 Q 版手办为 3 头身, 人物动作是常见的站立姿势。其腿部长度大约有 1 个头长, 双腿是由粗到细类似于圆锥形的形态。

● 制作双腿

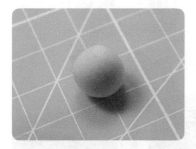

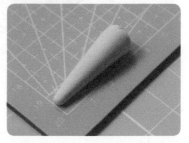

01 用黄色黏土、绿色黏土和白色黏土混合出翠绿色黏土。将适量翠绿色黏土搓成圆形, 用压泥板搓成长度约为 4cm 的锥形长条。

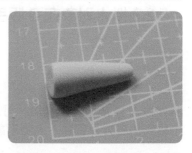

02 用弯头剪刀在锥形长条中间剪一刀, 做出穿袜子的小腿。接着用丸棒压住截面, 并用手将截面边缘往丸棒上推, 使边缘变得锋利。

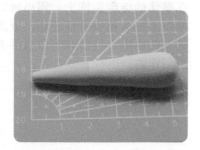

03 用肤色黏土搓出一个一头粗、一头细的锥形长条, 将细的一头接在穿有袜子的小腿上。

04 用棒针在整条腿的中心点搓出膝关节窝，用手在中心点处把腿稍稍弯曲，在捏细膝关节后再把腿掰直。这样就能做出自然的膝关节，用相同的方法做出另一条腿。

● 添加腿部装饰

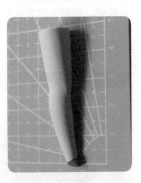

05 用蓝色超轻黏土和红色树脂黏土混合出蓝紫色黏土并搓成米粒形，接着把米粒形黏土贴在小腿底端作为脚。用手把脚尖捏尖，然后用眉刀将大腿根部切平。

06 用眉刀在橙色黏土片上切出细条，将其贴在膝关节窝与袜子中间的位置，作为小腿上的装饰皮带，用弯头剪刀剪掉多余部分。

07 用面相笔蘸取钛白色丙烯颜料画出皮带上的金属扣，用橙色丙烯颜料画出袜子顶端的细节纹理，用相同的方法做出另一条腿上的装饰皮带，然后将双腿修剪成一样的长度，放在一旁晾 3 个小时。

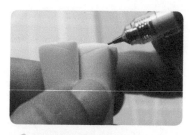  

08 用铅笔在大腿根部做出标记，接着用眉刀沿着标记将大腿根部切成斜面。

09 将钢丝放在腿前，找出适合插入的位置后先用圆规在脚底开洞，再将钢丝插入腿部。用相同的方法给另一条腿插入钢丝。

● 制作臀部

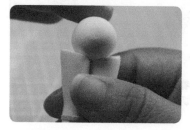  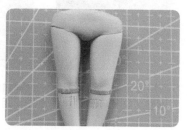

10 拿起双腿，将翠绿色圆形黏土粘在腿上，用手将黏土调整成三角形的内裤造型作为臀部，放在一旁晾 4 个小时。

5.2.4 制作上半身、服装

● 服装款式分析

本案例对传统的日式振袖服饰进行了改良，上半身保留了振袖服饰的交领样式，下半身则把有些限制行动的裙子变成了方便行动的短裤。此外，还加入了点缀着翠绿色的蝴蝶结的特色小披风，而带有小叶子装饰图案的圆领口也让人物显得调皮、可爱。

● 制作服装、上半身

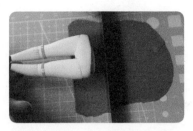

01 用长刀片把蓝紫色黏土片切出一条直边，再将下半身悬空放在黏土片上，切出 2cm 宽的薄片作为裤子。

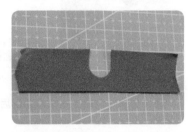

02 选用与臀部粗细一致的切圆工具在2cm 宽的蓝紫色黏土片上压出圆形，用眉刀按着圆形切出一个"U"形，制作出一个裤腿。

03 用铅笔在臀部正中间做标记，将"U"形薄片的边缘贴在标线上，用手将侧边捏紧并用弯头剪刀剪去多余部分。

04 用同样的方法做好另外半边裤腿后，用抹刀调整裤筒以免裤子贴在腿上，然后用剪刀将两个裤腿修剪成一样的长度。

05 用橙色丙烯颜料画出短裤上的装饰条纹。

06 将大量翠绿色黏土搓成水滴形后粘在臀部切面上，用手先将接缝抹平再调整出上半身的形状。

 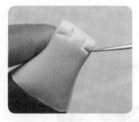  

07 根据前文提到的头身比，用弯头剪刀修剪上半身长度并剪出脖子与肩膀，用手抹平切面。

  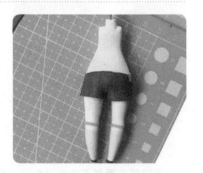

08 用抹刀和弯头剪刀调整和修剪肩膀，随后在脖子上插入铁丝。

小提示：Q版手办的肩膀不宜做得太宽，肩宽与胯宽的比例和上半身的厚度请参考右边的展示图。

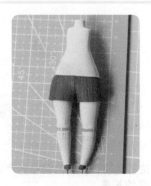 

09 制作振袖服饰的上衣。在白色黏土里和少量翠绿色黏土混合成透出一点绿的白色黏土。将黏土擀成薄片后用圆形盒挖出一个圆。

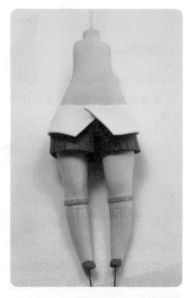

10 弯曲长刀片，在带孔薄片上切出一片弧形的薄片，然后把薄片贴在腰上，用弯头剪刀剪出斜边，制作出衣服的下摆。

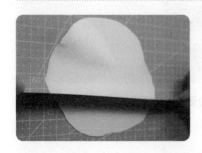
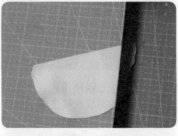

11 在白中带绿的薄片上，用长刀片切出右图所示的衣片形状，同时在衣片长边的上边缘轻轻压出一条痕迹做出衣襟。

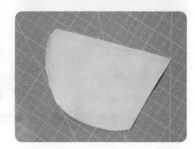

12 把衣片围绕上半身贴一圈，用手指捏出衣服上的褶皱，按右下左上的形式将衣襟轻轻叠在一起，接着用弯头剪刀剪掉过长的衣片，让衣服下边缘刚好在衣服下摆的接缝附近。

13 将身体两侧的衣片捏紧并用弯头剪刀剪掉多余部分，用棒针将衣服下端贴紧身体。

14 把切好的橙色黏土条轻轻地绕在腰上，作为腰带，用剪刀剪去多余部分。同时隐藏衣服下端与下摆之间的接缝。注意，腰带不能贴得太紧以免将接缝透出来，影响美观。

15 制作右衣袖。用压泥板将白中带绿的水滴形黏土稍稍压扁，然后用勺形工具将粗的一端向内压，使黏土凹进去从而做出袖口。再用手将袖口边缘捏锋利，完成衣袖主体的制作。

16 把做好的衣袖主体贴在右侧肩膀，用手调整衣袖主体形状，用弯头剪刀把衣袖修剪至合适长度。

17 用压泥板把白中带绿的水滴形黏土压成薄片,用弯头剪刀和眉刀将薄片修剪成上面第四幅图所示的形状,制作出振袖的袖摆。

18 把袖摆贴在衣袖主体的后方,做出振袖,用弯头剪刀剪掉多余部分。

19 制作左衣袖。左衣袖的制作方法稍有不同,用压泥板把白中带绿的黏土搓成水滴形,再用压泥板斜着压成一边厚、一边薄的形态,将其放在左侧肩膀,用弯头剪刀修剪长度,让两只衣袖一样长。

20 取下左衣袖,将手臂部分稍微向上弯曲,用弯头剪刀修剪衣袖薄边的形状,再用勺形工具压出袖口。

21 把左衣袖贴在左肩上,调整手臂抬起的高度。

22 将适量肤色黏土用压泥板搓成条，用手将黏土条的一端弯折90°，做出手掌。接着用棒针的圆头在手掌上压一个坑做出手掌心，用手指搓出手腕。

23 用弯头剪刀剪出五指，做出右手，再用剪刀剪下手掌。

24 在手掌顶面涂白乳胶，将手掌粘在袖口。用相同的方法做出左手并把左手固定在袖口。

25 切出翠绿色黏土细条，在袖口处贴一圈并用剪刀剪掉多余部分，作为翠绿色衬衣的袖口。

26 拿出熟褐色、钛白色、浅绿色、柠檬黄色等丙烯颜料，用面相笔画出衣服上的装饰纹样，然后把身体放在一旁晾3个小时。

27 擀出蓝紫色黏土薄片，将身体悬空放在黏土片上，确定出披风的长度（从肩膀到膝关节以下）。

28 用钢丝标记披风背面下摆的开口位置，然后用眉刀切出三角形缺口，再用长刀片切出披风下摆两边的斜边。

29 将披风衣片贴在身体背面，用棒针标记出脖子的位置，然后取下衣片，用与脖子粗细一致的切圆工具在标记处切出圆弧。

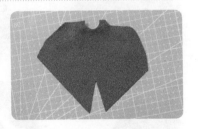

30 将衣片贴到身体上，用眉刀在手臂正中间划出痕迹，标记披风在手臂处的长度。

31 弯曲长刀片，沿着标记处的痕迹修剪衣片形状，做出披风的最终造型。

32 用面相笔蘸取土黄色丙烯颜料在披风边缘画上线条装饰。

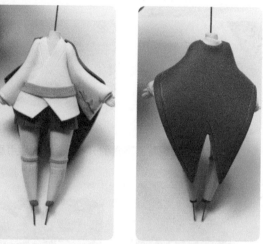

33 在披风领口处刷一层白乳胶后贴在身体上，接着在袖子处也涂一层白乳胶，将披风固定在身后。

34 制作身体正面的披风。用长刀片将蓝紫色薄片切出左图所示形状。

35 用弯头剪刀在袖子处的披风上斜着剪出转折棱角，再把正面披风衣片从背面披风衣袖处的转折点开始拼接，然后用弯头剪刀修剪出正面披风衣片的造型。披风主体制作完成。

36 在宽 4cm 的翠绿色黏土薄片上,用长刀片沿薄片的对角线切出两片不规则的三角形薄片,接着弯曲长刀片把三角形切成扇形。

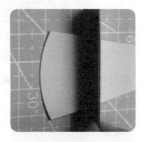

37 用圆规量出衣袖上装饰花边的长度,在扇形薄片上标记出长度后用长刀片切去多余部分。

38 在切好的薄片上折出褶皱,用弯头剪刀把薄片剪成三角形褶皱花边。

39 在三角形褶皱花边的顶部涂上白乳胶,将其粘在袖子上,用抹刀抹平边缘,遮住前后披风在袖子上的接缝。

40 切 4 片翠绿色黏土片,在三角形褶皱花边顶端两侧涂上白乳胶,用圆规将其中 2 片粘在上面。用相同的方法做出另一只袖子上的装饰。

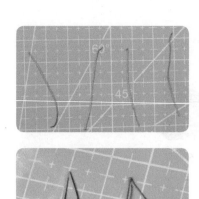

41 准备 4 条橙色黏土细条，将其中两条细条对折，贴在左右两侧花边上。

42 拿一条新的橙色黏土细条，用棒针在花边顶端固定住一头，用手和镊子将其绕 "8" 字形做出蝴蝶结造型。用同样的方法做出另一侧花边的装饰。

43 拿出长条状的翠绿色黏土片，利用抹刀折出蝴蝶结，以丰富袖子上的装饰。用相同的方法做出另一只袖子上的装饰。

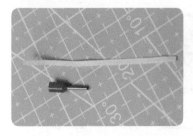

44 准备一条翠绿色黏土条和小型切圆工具，用小型切圆工具在黏土条上压出扣子的形状，将黏土条贴在脖子下方并用剪刀剪掉多余部分，做出绿色衬衣上的扣子衣襟。

45 用跟脖子一样粗细的切圆工具在橙色黏土片的中心切出一个圆，接着用弯曲的长刀片和眉刀把黏土片切出上面第四幅图所示的形状，用来制作衣领。

46 将衣领绕在脖子上，用弯头剪刀修剪出衣领的具体形状，接着用手调整衣领形态。

47 用面相笔蘸取丙烯颜料的熟褐色、柠檬黄色、钛白色、浅绿色等在衣领和袖口上画出装饰图案。

 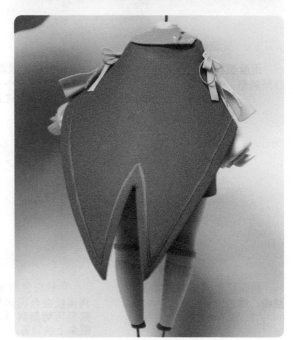

5.2.5 制作头部

● 头部造型分析

本案例的 Q 版手办的发型类似"姬"发式，也叫"公主切"，其整体形象是前额上的齐刘海儿剪到眉毛处，两耳前方有着阶梯式的齐发，头部后方留着长发。

本案例把人物脑后的长发束成马尾，并用翠绿色黏土细条做成蝴蝶结点缀在马尾上。

● 画脸

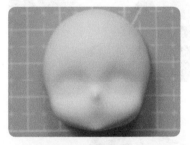

01 用脸型模具脱模制作出一个 Q 版脸型，晾干。

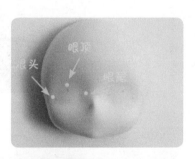

02 用铅笔在眼窝处标记出眼头、眼顶、眼尾 3 个点，确定上眼线形状与位置。注意，左右眼是对称的。

03 用顺畅的线条将标记的 3 个点连接起来，勾画出眼型后再把眉毛、眼睛、嘴巴勾勒完整。

04 用深红色丙烯颜料给眉毛、眼睛、嘴巴勾线。

05 用钛白色丙烯颜料涂出眼白，再用钛白色丙烯颜料和少量马斯黑色丙烯颜料调成浅灰色，涂出眼白上的阴影。

06 用群青色丙烯颜料勾勒眼珠轮廓，并画出瞳孔。

07 用群青色丙烯颜料和钛白色丙烯颜料调成浅紫色，画出眼珠的浅色区。

08 用群青色丙烯颜料画出眼珠的深色区与眉毛。

09 在钛白色丙烯颜料里和极少量群青色丙烯颜料调成偏紫的白色，画出眼珠的光点。

10 用马斯黑色丙烯颜料画出瞳孔并为眼珠勾边。

11 用之前调出的偏紫的白色为眼珠画上更多光点。

12 用钛白色丙烯颜料画出眼睛的高光，增添眼睛的神采。

13 依次用深红色、钛白色丙烯颜料勾画睫毛，为睫毛增色。（右一）

14 依次用肉色、钛白色和深红色丙烯颜料画出嘴巴。（右二）

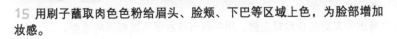

15 用刷子蘸取肉色色粉给眉头、脸颊、下巴等区域上色，为脸部增加妆感。

● 制作头发

 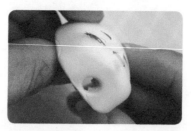

16 用与脖子粗细相同的切圆工具在下巴位置上挖洞，用来安装头部。

17 用蓝色黏土和红色黏土混合成紫色黏土。将适量紫色黏土搓成圆形后贴在脸型背面，将脸型背面的黏土调整成胖水滴形，做出后脑勺。

18 按照头发走向，用压痕刀压出深且细的头发纹理，再用棒针压出较粗的头发纹理。不同形态的纹理搭配能让发型不单调。

19 参考1.3.4小节中的发片制作方法制作本Q版手办的头发。用紫色黏土和弯头剪刀做出一片长条形发片，贴在脸颊右侧，并用手调整成上面图所示造型。

20 做出一片长条形发片，用弯头剪刀剪出分叉后贴在脸颊左侧，用手做出与右侧头发相同的造型。

21 将适量紫色黏土制作成两片胖水滴形发片，用剪刀剪出发尾分叉，分别贴在脸颊两侧，然后把发尾稍稍往里弯曲。

22 做出两片长水滴形发片，贴在前额两侧对比发片整体的长度和造型，用压痕刀做出标记，取下后再用弯头剪刀剪掉过长部分。

23 把修剪好的发片贴在前额两侧，用压痕刀压出中分线，再用棒针从发片中间往两边压出头发的纹理。

24 剪出两片上图所示形状的发片，用弯头剪刀修剪发根形状后贴在前额两侧做出中分刘海儿。

 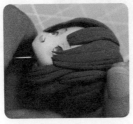  

25 做出一些细长条形发片，将其贴在两侧空缺的地方，以丰富发型。

26 做出长水滴形发片，将其贴在刘海儿中间填补空缺。

27 做出一些小细条发丝，将其贴在头上空缺的地方，丰富发型。

28 顺着头发走向贴上小细条发丝，用弯头剪刀剪掉多余发丝，再用压痕刀把发丝贴在头上。

29 至此，人物的上半部分头发就做好了。上图为头发的多角度展示图。

30 做出两片稍厚的长条形发片，将其拼成发束。

31 等制作的发束定型之后插入一截钢丝，然后把发束插在后脑勺底部中间，让发束与头部组合成一个整体。

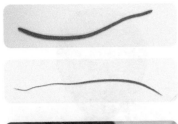

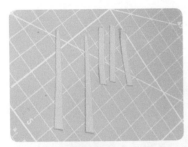

32 做出一些粗细不同的小发丝，用抹刀按照头发的走向贴在发束上，并用手做出一定的弧度，丰富发型。

33 在翠绿色黏土薄片上切出 2 片长薄片和 3 片短薄片备用。在发束根部涂上白乳胶后贴上 2 片长薄片，作为捆扎后飘着的发带。

34 用短薄片做出发带上的蝴蝶结。

35 用眉刀切掉衣领处多余的黏土，再将肤色黏土搓成长条，用弯头剪刀将长条一端剪平后贴在衣领处，用弯头剪刀修剪至合适长度，制作出脖子。

36 把做好的头部和身体组装起来，组装效果如上图所示。

5.2.6 加入装饰

● 装饰元素分析

本案例中给 Q 版手办人物做的帽子是可爱风
学生帽。为和服装颜色搭配，帽子主体选用蓝
紫色和黄色，帽子的前端点缀的一些小嫩绿叶
与衣服上的装饰花纹相呼应。

● 制作帽子

01 将适量翠绿色黏土搓成圆形，用压泥板稍稍压扁，用手将黏土片捏成弧形。

02 把弧形黏土片放在头顶，用手掌按压使其边缘贴合头发，然后把其放到蛋形辅助器顶端，用压泥板将其
边缘压薄，做出帽子实体。

03 将蓝紫色黏土擀成薄片，包住前面做好的帽子实体，同时用手从中间往四周轻轻贴，贴好后用弯头剪刀把多余部分剪掉。

04 将少量蓝紫色黏土搓成月牙形，然后用压泥板压扁，将其贴在帽子的边缘作为帽檐。注意，帽檐的位置要对着帽子上的接缝，让接缝在帽子的正后方。

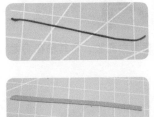

05 分别准备一条紫色细长条和一片黄色黏土片，将紫色细长条贴在帽子表面的接缝上，再用黄色黏土片沿着帽子主体底部贴一圈。

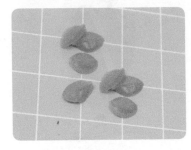

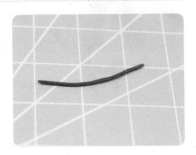

06 摘 7 片翠绿色树叶和折一枝小树枝，用紫色黏土搓出小细条。

 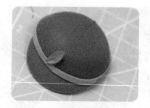  

07 给树叶涂上白乳胶后将其粘在黄色帽带上，再在树叶中间贴上紫色黏土小细条作为树枝，并用弯头剪刀剪去细条多余部分。

● 添加底座

08 把做好的 Q 版手办放在透明亚克力圆形底座上并用中性笔标好位置，用钻头和钢丝差不多粗细的微型电钻钻出小孔，撕掉底座上的膜，把 Q 版手办插在底座上。

● 固定装饰元素

09 在左手手掌涂少量白乳胶粘上折下的小树枝，接着在帽子内面中心点上涂上适量白乳胶，将其粘在 Q 版手办人物头顶。

10 上图为拟人 Q 版手办多角度效果展示图。至此，鲁普拉精灵的拟人 Q 版手办就制作完成了！